了不起
的科学

PHYSICS
物理

让孩子
着迷的
奇妙
物理

[日]横川淳 著

刘罡 译

U0149766

中国纺织出版社有限公司

原文书名：ぼくらは「物理」のおかげで生きている

原作者名：横川淳

BOKURAWA "BUTSURI" NO OKAGEDE IKITEIRU by Jun Yokogawa

Copyright © Jun Yokogawa, 2016

All rights reserved.

Original Japanese edition published by JITSUMUKYOIKU-SHUPPAN Co.,Ltd.

Simplified Chinese translation copyright © 202* by China Textile & Apparel Press

This Simplified Chinese edition published by arrangement with

JITSUMUKYOIKU-SHUPPAN Co.,Ltd., Tokyo, through HonnoKizuna, Inc.,

Tokyo, and

Shinwon Agency Co. Beijing Representative Office, Beijing

著作权合同登记号：图字：01-2021-7594

图书在版编目（CIP）数据

让孩子着迷的奇妙物理／（日）横川淳著；刘罡译
. --北京：中国纺织出版社有限公司，2022.3

ISBN 978-7-5180-9049-5

Ⅰ．①让… Ⅱ．①横… ②刘… Ⅲ．①物理学—青少
年读物 Ⅳ．①O4-49

中国版本图书馆CIP数据核字（2021）第214463号

责任编辑：邢雅鑫 责任校对：高 涵 责任印制：储志伟

中国纺织出版社有限公司出版发行

地址：北京市朝阳区百子湾东里A407号楼 邮政编码：100124

销售电话：010—67004422 传真：010—87155801

http://www.c-textilep.com

中国纺织出版社天猫旗舰店

官方微博http://weibo.com/2119887771

天津千鹤文化传播有限公司印刷 各地新华书店经销

2022年3月第1版第1次印刷

开本：880×1230 1/32 印张：7.5

字数：108千字 定价：39.80元

亲爱的读者们，一提到"物理"，大家会有什么样的印象呢？最近日本梶田隆章先生获得诺贝尔物理奖的时候，我想起当时电视或新闻上总提起"中微子"这一生涩难懂的话题。"中微子是一种看不见的素粒子，其中是否含有质量？""物理就是用来解决上述问题的学科，真是了不起。"这种想法在我心中油然而生。

确实，在某种意义上，"物理学"是那种普通人不会碰到的，类似于"宇宙真理"的解密学科。但是实际上，物理可以帮我们窥视日常生活中的各方各面，使我们用不同的角度来看待日常生活。我相信这就是物理带给我们的快乐。

在这里想要向大家分享一下我的个人经历。中学的时候会乘坐有轨电车上学，记得在车厢里和朋友有过激烈的争论。

"在电车里垂直向上扔一个球的话，那这个球会落在哪里呢？"虽然现在已经记不清朋友说过了什么，但是我记得我当时很固执地主张道："电车在向前开，所以这个球一定会落在电车后面。"

和朋友讨论了一会儿后，电车在车站停下了。这个时候，一个穿着西装的男人操着广岛方言微笑地对我们说："球会直接落在电车上哦。"说罢便下车离开了。

那个时候我觉得"自己浅薄的对话被大人听到了"，突然很不好意思，但是并没有仔细地思考刚才那个男人说的内容。直到自己学习了物理之后，突然想起原来这就是"惯性的原理"。本书的第1章第5节就会和大家探讨惯性。

仔细思考一下，我们会发现物理广泛应用于各个场合，比如说电车的车轮，自动门的发动机（第4章第2节），擦肩而过的救护车的鸣笛变化（第5章第3节），透过窗户看到的蓝天和夕阳（第5章第2节），IC卡的支付（第3章第3节），等等。

本书旨在介绍日常生活中人们经历的各种体验或各类高级器械，探索其中的各种"物理原理"。虽然无法网罗所有的物理原理，但是我相信通过本书会让大家认识到"什么？这种地方也会用到物理""什么？这个也是物理原理吗"等新发现。

期待读者能从自己的兴趣出发阅读本书。本书的前半部分更加贴近我们的日常生活，按照顺序阅读，阅读体验会更佳。

读罢本书之后，期待各位读者能够意识到映入眼帘的日常风景和平时毫不在意的道具里也蕴含着物理知识。物理绝不是普通人触碰不到的神秘学科，也不是只要背下公式后反复练习就可以掌握的学科。物理是"了解后改变世界观"的手段，它让我们的生活变得丰富多彩。

接下来就让我们戴上"物理"的眼镜，环视我们周围的世界吧！

横川淳

目录

存在于意外之处的"物理"定律

01 光的干涉

▶ 隔断蓝光的机制

> **光的干涉**
>
> 因为光属于波，所以如果波峰与波峰、波谷与波谷是恰好重合的形状时，光就会相互加强；峰与谷相互交叉时则相互削弱。

　　我们走在街上时，会发现眼镜片反射蓝色光的人渐渐多了起来，这就是被称为"防蓝光"镜片的东西在起作用。这里的蓝光就与"光的干涉"这一物理现象有关，让我们一起来看一看吧。

📍 光就是电和磁的波！

　　关于"光"，这里有几个作为前提需要了解的相关知识。

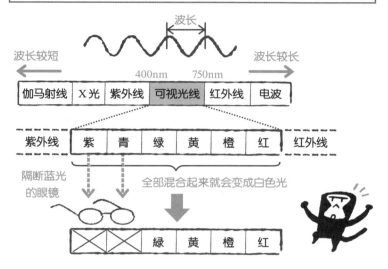

首先，光是"**电磁波**"的一种（因为光是波）。你可能会想，"咦，电磁波不就是微波炉或电脑发出的那种看不见的'某种东西'吗？"那确实也是电磁波，看得见的光也是电磁波。

说得复杂点，是"电场"和"磁场"一边振动一边传播过来的，所以才叫"电磁波"。如上图所示，根据不同的波长，电磁波的性质和名称也不同。因此，我们可能会发问："紫外线这个晒黑皮肤的元凶也是电磁波吗？"

可见的光，即"可见光"，指的是电磁波中极为有限的波长区域，区域中不同波长光的颜色也各不相同。短波光为紫色或蓝色，中波光为绿色或橙色，而长波光则是红色的。

当所有波长的光一定程度均等混合时，便会反射出白色的光。阳光就大致属于这种情况。

所谓"蓝光"，基本就是指蓝色光，即波长较短的光（蓝光并不是一种特殊的光）。之后的内容中，我们把紫色至蓝色之间的颜色统称为"蓝色❶"。

⚲ 反射式镜片的结构

从制造商的官网来看，防蓝光的镜片有"反射式"和"吸收式"两种。反射式只反射蓝色的光，吸收式只吸收蓝色的光。也就是说，反射蓝色光的眼镜一定是"反射式"的。如果镜片均等地反射了太阳光（白色光）的所有光，反射出的光看起来应该是白色的。因为只反射蓝色光，所以镜片看起来是蓝色的。戴着防蓝光眼镜的人只会看到"除去蓝色光，即蓝光以外的光（上一页图中最下面

---

❶ 在蓝色和紫色之间加入靛色，就会变成所谓的"彩虹七色"。日本习惯将颜色根据波长长短分成"红橙黄绿蓝靛紫"来记忆。

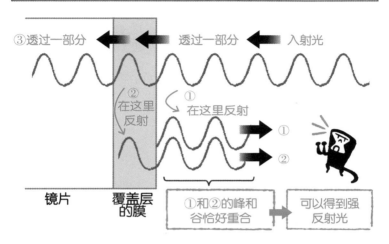

的颜色)"。

　　那么,这个只反射蓝色光的反射式镜片有着怎样的结构呢?

　　现在假设镜片表面涂有一层透明薄膜。当光照向镜片时,光线会分成在薄膜表面反射的光线①、透过了薄膜表面而在镜片表面反射的光线②以及通过了薄膜和镜片的光线③。

　　我们再详细看一看光线①和光线②。因为光是一种波,所以请想象成连绵起伏的山峰和山谷的样子。光线②通过的距离比光线①稍长一些(刚好等于两倍薄膜涂层的厚度),所以反射后再次回到薄膜表面时,可能会略微偏离光线①的位置。如果恰当地调节薄膜厚度的话，就会产生薄膜表面反射的光线①的山与返回到薄膜表面的光线的山刚好重合的情况。一般来说，波具有峰与峰、谷与谷重叠时相互增强的特点，所以在这种情况下可以得到非常强烈的反射光。

如图所示，根据蓝光的波长调节膜的厚度，可以有效增强①和②的光线，形成只有效反射蓝光的镜片。如果只强烈反射白光里的蓝色光的话，剩下的光线③中则几乎没有蓝光，即得到"防蓝光"的效果。

以上就是防蓝光眼镜在周围的人看来会反射蓝色光的原因。像这样，我们将两个波重叠而相互增强或相互削弱的现象称为"**波的干涉**"。光线的情况即为"**光的干涉**"。

根据膜的厚度与波长的关系而产生颜色的东西还有很多，如肥皂泡看起来五颜六色，就是因为肥皂泡液体膜不同的部分厚度不同，其反射的光线颜色也不同。

相反，也可以通过调节膜的厚度来减弱光线①和②的反射，这就是"防反射膜"的原理。关注存在于我们身边的"薄膜"，探索各种各样的颜色，物理的学习也会变得更有趣味吧。

杠杆原理

通过增加从支点到力点的距离，缩短从支点到作用点的距离，便可放大施加于力点的较小的力，并将其传递到作用点。反之亦然。

$$d_1 \times F_1 = d_2 \times F_2$$

d_1= 支点到作用点的距离

F_1= 施加于作用点的力

d_2= 支点到力点的距离

F_2= 施加在力点上的力

对于**"Leverage"（金融杠杆）**这个词，我想投资人应该很了解。通过将自己的所持资金与他人资金合伙投资，来进行更大金额的交易。这里的Leverage中的lever是指"杠杆"。因"用小资金做大交易"与"杠杆原理"的"大幅增强较小力量"相似，似乎才有了"金融杠杆"的说法。

⚲ 具备支点、力点和作用点的"杠杆"

首先，**"杠杆原理"**是怎么一回事呢？

最容易理解的办法是把杠杆想象成一个具体的工具。例如，设想我们要用一根杠杆翘起一个大石头，如图所示，施加力的点为"力点"，杠杆对石头施加力的点是"作用点"，支撑杠杆的点是"支点"。像这样具备支点、力点、作用点的工具就称为"杠杆"。

杠杆原理 = 力点、作用点和支点的关系

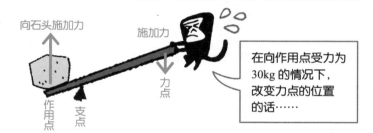

支点到作用点的距离
= 10cm

向力点施加的力
= 30kg

支点到作用点的距离
= 20cm

向力点施加的力
= 15kg

支点到作用点的距离
= 30cm

向力点施加的力
= 10kg

假设一块石头的重量是30kg❶。

也就是说，如果不对作用点施加30kg的力就无法翘起石头。这时，支点到作用点的距离和支点到力点的距离不同，应施加在力点上的力也不同。

假设支点到作用点的距离为10cm。此时，如果支点到力点的距离为10cm的话，应施加于力点30kg的力，但如果将支点到力点的距离延长到20cm的话，只需在力点施加一半的力，即15kg。而且，如果接着把支点到力点之间的距离延长到30cm，只需三分之一的力，即10kg，便可撬动石头。

📍 杠杆原理的公式

现在我们明白了"杠杆原理"，如果要把它转换成公式，则如图所示。

杠杆原理的公式

$$d_1 \times F_1 = d_2 \times F_2$$

d_1= 支点到作用点的距离❷ F_1= 施加于作用点的力

d_2= 支点到力点的距离 F_2= 施加在力点上的力

---

❶ 其实力的单位不是"kg"而是"kg重量"，不过我们在这里不用纠结这一点。"1kg重量"的意思是"质量为1kg的物体所受重力的大小"。

❷ 距离d实际为与力F的方向垂直方向上的距离。

在刚刚的例子中，$d_1 \times F_1 = 10 \times 30 = 300$。$d_2 \times F_2$是$10 \times 30$、$20 \times 15$、$30 \times 10$，每个都是300，所以$d_1 \times F_1 = d_2 \times F_2$是成立的。由于$d_2$和$F_2$的积为恒定值（300），所以距离$d_2$越长，需要施加的力就越小。

我们身边有很多利用了"杠杆原理"的工具。例如，起钉器和剪刀（特别是修枝剪）等对杠杆原理的利用就很好理解。两者都是支点到力点的距离比支点到作用点的距离长，所以可以"以较小的力产生较大的力"。

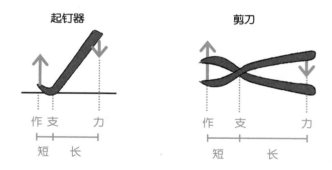

反之，镊子之类的支点到力点的距离更短，则可"将较大的力转换为较小的力"，适用于精密作业。请大家去探索一下其他利用了"杠杆原理"的东西吧。

03 摩擦起电

摩擦起电
当我们使不同物体相互触碰
并互相摩擦时，电子会从一
个物体那里移动到另一个物体。

　　这就是常见于冬天的**"静电"**——碰到门把手就会
"噼啪"一下产生电流。我们认为经常遇到这种情况的人
具有"静电体质"。这电究竟是从哪里流出来的呢？想一
想会觉得不可思议，但其实这电并不是从某个地方流出来
的。如果我们能大致明白电是如何产生的，冬季做防静电
措施时可能会轻松一些。

📍 电不会无缘无故地增加或减少

电有正负两种。存在正电和正电，或负电和负电之间相互排斥，正负电之间相互吸引的现象。

不用说人体了，构成物体的原子也是由带正电的原子核和带负电的电子构成的，正负中和后总体带电为0。

这里有一个重要的原则，那就是"带电量不会任意增加、减少"。如果带电为零的物体不知何时带了负电，那就意味着"有某处的电子进来了"。相反，如果带有了正电荷，那就是"电子逃到某个地方去了"❶。

物体带电是怎么回事？

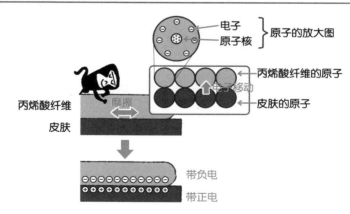

电子
原子核
} 原子的放大图

丙烯酸纤维的原子
电子移动
皮肤的原子

丙烯酸纤维
摩擦
皮肤

带负电
带正电

---

❶ 带有正电的原子核的出入也会引起物体带电量的增减，不过原子核比电子重很多，所以一般不在物体间转移。

此外，物体有电被称为**"带电"**，当电子进入物体，我们称"物体带负电了"。

📍 带正电还是带负电？

不同的材质对电子的束缚能力不同。不论哪种材质，若不对其给予一些刺激，电子是不会轻易离开的。因此，当以相互接触并摩擦的形式给予两个物体刺激时，电子会从一个物体移动到另一个物体……换句话说，两个物体都是带电的。我们称这种带电的方式为"摩擦起电"或**"剥离起电"**。

下图是按照带电难易度排列成的**"带电序列"**。以其

不同材料的电子的带电序列

作为参考，我们会发现，如果我们用丙烯酸纤维摩擦皮肤，电子会从皮肤向丙烯酸纤维移动，皮肤会带正电，而丙烯酸纤维会带负电。

为什么会发生放电现象？

接下来，让我们来思考一下文章开头提到的"噼啪"响的静电现象吧。

现在假设人体在带正电的情况下，其指尖去接近门把手。因为正电吸引负电，所以门把手上存在的电子会向指尖处聚集。手指离门把手越近，对电子的吸引力就越强，当靠近到一定程度时，电子就会通过空气进入手指，我们称这种释放电子的现象为"**放电**"。当短时间内有大量的电子流向手指时，我们会看到火花，或者手指产生痛感。因此，常见于冬季的"噼啪"静电现象，其实是由于摩擦起电而产生的。

此外，常见于夏季的雷电也是一种摩擦起电。当冰粒在云层中互相撞击时，颗粒较大的会带上负电，堆积在云层底部。由此，地表的电子会移向远处，而地表将带上正电。这时，堆积在云层底部的电子将被地表所带的正电吸引，瞬间冲向地面——这便是雷电。静电现象与打雷的确很相似吧。

静电放电的原理与打雷相同

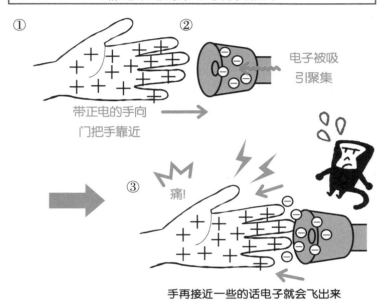

① 带正电的手向门把手靠近

② 电子被吸引聚集

③ 痛!

手再接近一些的话电子就会飞出来

04 胡克定律

▶ 将重量转换为长度的智慧

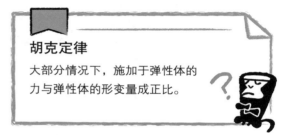

胡克定律

大部分情况下，施加于弹性体的
力与弹性体的形变量成正比。

　　关注健康的人想必每天都会测量体重吧，不过仔细想想，测量体重其实是个不可思议的事情。也就是说，我们需要把手头感受到的"重"或"轻"的感觉转换成数字才行。

📍 弹簧伸长量与力的关系

　　不怕被误解地说一句，"将重量转化为长度的定律"是存在的。我们可以根据它来将不可视的重量转换为可以

原来弹簧秤是"变换器"啊！

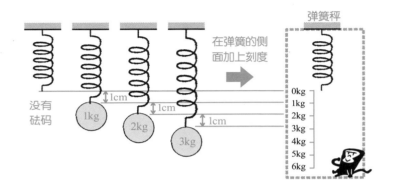

测量的长度，用刻度之类的形式表现出来。

　　我们称这个定律为"**胡克定律[1]**"。我想很多人都还记得中学物理学习过的"弹簧的伸长量和弹力成正比"。

　　例如，假设1kg的力能使弹簧伸长1cm，那么悬挂2kg重量时，弹簧将伸长2cm，3kg的话就伸长3cm……直接利用了这种性质的工具是"弹簧秤"。根据伸长的长度测量重量，再从刻度数字读取重量。这个想法可真巧妙。

　　那么，体重秤又是怎么回事呢？在这里，让我们想象一下那种一站上去刻度板就会旋转的老式仪表体重秤。这

---

[1] 定律名称来源于发明者罗伯特·胡克（1635—1703）。除此之外，胡克还留下了众多成就，如首次使用显微镜观察细胞等。

种结构可以利用齿轮来实现，以齿轮的旋转来表现人站到秤上后弹簧的伸长。那种刻度板是固定的，指针是可旋转的体重秤，也是将弹簧的伸长转换成了指针的旋转。

📍 "胡克定律"同样适用于电子秤

最近电子体重秤的数量在渐渐增加。我们一听到电子式便会觉得"啊，因为运用了电路处理，所以不明白内部的构成呀……"而索性无视，不过我们还是再进一步了解一下吧。

其实，电子秤虽然不使用弹簧，但从广义上说它还是用了胡克定律，其关键在于一种我们不常听说的，叫作**"变形体"**的材料。变形体是一个长约几厘米的金属块。当向这个金属块施加力时，它会稍稍变形。而且，施加的力的大小与其形变程度是成比例的。例如，施加10kg的力时其会变形1mm。不仅是弹簧，当施加到弹性体（即使变形也会恢复到原来形状的物体）的力和形变量成比例时，我们通常称这种关系为胡克定律。

变形体上贴有电阻。这种电阻会与变形体一起发生形变，并且其电阻值与形变量成一定比例关系。因此，这种电阻又被称为"**应变器 strain gauge**"（gauge是"测量工具"的意思）。

就是说，将变形体和应变计组合起来就可以制成一个电路，其中电阻大小会和承载物体的重量成比例变化。电

用应变器和变形体来测量重量

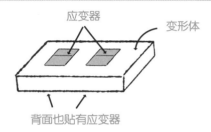

应变器 变形体

背面也贴有应变器

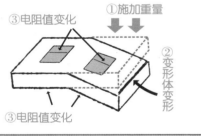

③电阻值变化

①施加重量

②变形体变形

③电阻值变化

① 重量 施加重量
② 变形体变形（与重量成正比）
③ 应变器的电阻值变化（与重量成正比）
④ 输出的电压值 变化（与电阻值的变化成正比）

①的重量与④的输出电压的变化成正比

阻大小若与承载重量成比例变化，则输出的电压值也会与承重成比例变化，我们也就可以根据变化值算出重量了。

也许说得有些深奥了，不过就算是所谓的电子秤，需要感知重量的话，关键也是要先从"形变量"这个计算量开始的。关于这一点，最先起了决定性作用的是胡克定律。

此外，有一点我有意没有说，根据不同材料和形状，适用于胡克定律的重量存在一个"极限值"。如果向变形体施加的力超过了极限值，变形体会无法恢复最初的形状或者直接断掉。也就是说，因为砝码太重，导致砝码取下后弹簧仍持续处于被拉长时的状态。

当然了，我想不存在胖到超过变形体的极限量的情况，不过还是注意不要不小心把太重的东西放上去。这也是物理的智慧。

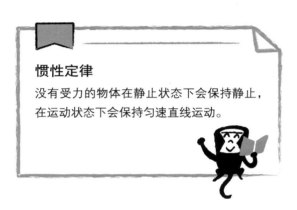

惯性定律

没有受力的物体在静止状态下会保持静止，在运动状态下会保持匀速直线运动。

　　我们即便记不清"惯性定律"的确切内容，在日常生活中也时不时会用到这个词。例如，当我们在地铁上遇到急刹车时，身体会向前倾，这时我们会想："这是由于惯性定律吗？"让我们来看看最近的中学课本上是怎么写的，复习一下惯性定律。物体在不受力或者受平衡力的作用下，静止的物体会永远保持静止，运动中的物体会永远以相同速度进行匀速直线运动。这叫作"**惯性定律**"。

　　将上面这段话改写一下就是开头的定义了。

📍 通过"惯性定律"看日常

各种各样的日常经验都可以用这个定律来解释。让我们来看几个例子吧。

首先，让我们思考一下本小节开头的例子"当我们在地铁上遇到急刹车时，身体会向前倾"。用惯性定律解释这种现象的技巧是"从地铁外面进行观察"。假设在减速之前，地铁以每小时40km的速度运行。从外面看这辆地铁的话，会发现"地铁和乘客都在以每小时40km的速度运动"。如果你觉得奇怪，"咦？乘客以每小时40km的速度运动？"请想象一下"如果地铁四面都是全透明的玻璃会是什么样子？"这样，我们就能想象出只有乘客以每小时40km的速度移动的画面了吧。

现在，我们假设地铁刹车了，地铁的速度会慢下来（降到每小时30km）。另外，由于乘客没办法刹车，乘客的运动速度还是保持在每小时40km（为了把问题简单化，我们假设鞋底所受的摩擦力为零）。这是由惯性定律产生的结果。也就是说，"没有受力的物体（没有刹车的乘客）在运动时会继续做匀速直线运动"。

接下来让我们想象一下车厢里的情况吧。由于只有地铁减速，我们自己没有减速，所以我们会以相对于地铁每

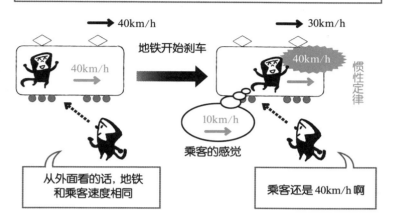

小时10km的速度滑向地铁前方。上图总结了这种情况。

实际上，地板和鞋底之间会有摩擦力作用，因而会和地铁一样减速到每小时30km，但我们明白，上半身不会减速而是滑向前面，也就是"向前倾"。

让我们再来看一个有点难的例子吧，现在假设你在公交车上，当公交车转弯时，身为乘客的你会有什么感觉呢？这次我们也从公交车外面进行观察。

如下图所示，我们假设开始场景为乘客站在公交车正中间，转弯之前公交车和乘客都在以相同的速度移动。如果公交车在往右转弯，那么由于惯性定律，乘客将以原来的速度前进（假设鞋底摩擦力为零）。我们想象一下车里的情况，乘客本来是站在公交车中间的，但不知不觉被推向了公交车左侧的内壁。也就是说，乘客会感觉"我好像被推到了与转弯相反的方向"。这也是由于惯性定律。

离心力也会运用到"惯性定律"！

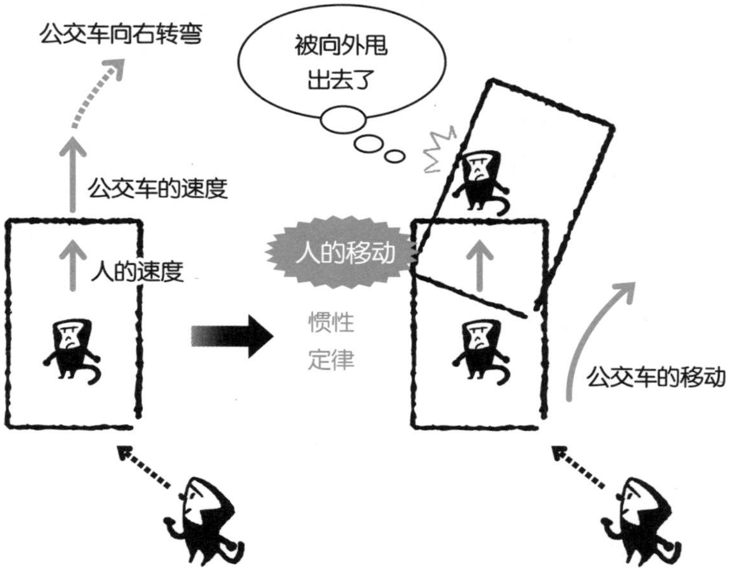

公交车向右转弯

被向外甩出去了

公交车的速度

人的速度

人的移动

惯性定律

公交车的移动

顺便说一下，这种"把我们的身体推向拐弯的相反方向的作用"叫作"离心力"。在这里就不深入说了，不过这种力就像是坐转弯的公交车或旋转木马时自己的双脚在做绕圆周运动的感觉❶。对这种力追根溯源还是会回到惯性

---

❶ 严格来说，在这种情况下，乘客会朝公交车外侧稍微向左边一些的方向偏离，我们称这种效应为"科里奥利力"（见第172页）。

定律，这一点着实有趣。

📍 惯性系与牛顿力学

适用于惯性定律的观察者的参照系叫作**"惯性系"**。例如，可以将地球上静止着的观察者大致看成惯性系。不过，当关系到地球的自转问题时也有可能无法看作惯性系。也就是说，没有受力的物体不做匀速直线运动，而做曲线运动（见第5章第1节）。

此外，这个惯性定律是**"牛顿力学"**这一力学系统成立的大前提，它又被称为**"牛顿第一运动定律"**。加上另外的第二定律和第三定律，就构成了牛顿力学的理论体系。牛顿力学的特点是，它将一般大小❶的物体运动近乎完美地表现了出来。

---

❶ "一般大小"是指不是原子那么小的物体，如保龄球、汽车、人工卫星或行星等。

06 热运动与热膨胀系数

▶ 打开拧得很紧的玻璃瓶盖的智慧

热运动与热膨胀系数
物体的原子、分子会根据温度进行无规律运动（热运动）。
若温度上升，热运动会变得剧烈，一般情况下物体的体积将增加。

我们身边的东西都会遇热膨胀，最先想到的是"空气"吧。 例如，夏天时，密封的袋子放在车里便会膨胀。热气球就是这个原理，它用燃烧器加热空气来使气球膨胀，膨胀后气球内的密度低于外部的空气密度，从而托起气球上浮。但再想一想，为什么物体遇热便会膨胀呢？

◎ 温度是热运动激烈程度的指标

这是由任何物质都会进行**"热运动"**这一现象造成的。例如，空气等气体的原子和分子是做无规律运动的，但移动速度（准确地说是"动能"）因温度而异，有着"温度越高，移动速度越快"的性质。像这样，随着温度的升高，无规律运动越来越剧烈的现象叫作"热运动"。所以，我们可以理解成，密封袋子温度越高，袋内空气热运动越剧烈，袋子因而会膨胀。

这种热运动的性质不仅适用于气体，也适用于液体和固体。固体与气体不同，物体的形状是一定的，所以其原子不会做自由运动，并且一定程度上会在排列好的位置上振动。振动的速度还是会随温度而升高。因此，我们就能够想象，当温度上升时，原子之间的距离会稍微增大，也就是整个固体会有些膨胀。

◎ 不同物质的热膨胀系数不同

温度上升时，体积的增加比例叫作**"热膨胀系数"**。不同物质的热膨胀系数差别非常大。这是由原子的排列方

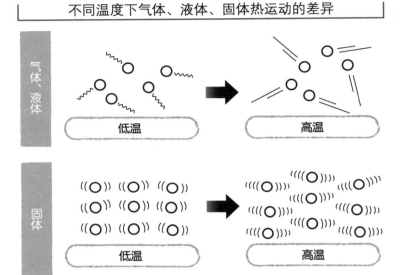

不同温度下气体、液体、固体热运动的差异

气体、液体　低温　→　高温

固体　低温　→　高温

式决定的，如玻璃和铁相比，铁的热膨胀系数就更高。如果巧妙地利用这一点，便可以轻松搞定玻璃瓶的铁盖拧不下来的状况。当加热整个玻璃瓶时，铁盖会比玻璃瓶膨胀得更多，所以我们不必使用蛮力就可以取下盖子。这正是家庭主妇的智慧啊。

与之类似的现象是，如果用热水洗小碗（如使用洗碗机时），趁热把它们叠在一起的话，小碗冷却后会很难分开。这是小碗冷却后收缩产生的现象。

一个巧妙利用了热膨胀的例子是采用了水银和酒精的温度计。当水银和酒精随着温度升高而膨胀时，会堆积并

通过细管上升。因为可以根据热膨胀系数算出在某摄氏度
水银或酒精膨胀量，所以可以在细管上标出指示当前膨账
量所对应的温度。

ⓞ 热膨胀系数为负的例子

刚才我们说"温度越高，体积就越大"，但其实有可
能存在相反的现象。水就是一个典型的例子。

0~4℃的水会随着温度升高而收缩（一旦超过4℃会随
着温度升高而膨胀）。

水在 0 ~ 4℃时即使温度上升体积也会变小

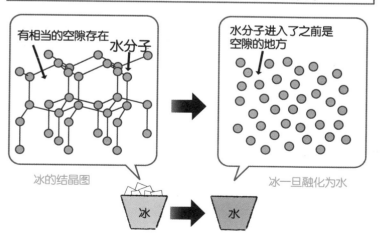

　　这是由冰的晶体结构导致的。冰是由水分子（H_2O）排列组成的，观察它们的排列方式（晶体结构）就能发现，其分子间的空隙是很大的。

　　所以，在温度超过0℃变为液体（即晶体结构解体）的过程中，水分子会进入空隙，导致体积变小一些。当然，由于温度上升，液态水的运动变得剧烈也会产生体积增加的效果，但在升至4℃之前体积缩小效果更明显❶。一幅分子们在我们看不见的地方根据物理定律彼此拼命竞争的画面便会浮上脑海。

　　我们也在人工制造这种具有"随温度上升而缩小"性质的材料。许多种金属（如铁）的氧化物是用特殊方法合成的。通过与一般物质（随着温度上升而膨胀）混合后使用来实现尽可能抑制整体热膨胀的目的。由于机器随温度变化反复膨胀、收缩的话会坏掉，所以为了延长机器的寿命就需要下这些功夫。

---

❶ 因为水的温度一旦降到4℃以下体积就会增加，所以天气寒冷的时候，水池里较冰的水会因密度减小而浮在上层。这就是水池结冰不是从池底，而是从表层开始的原因。

帕斯卡定律

若增加密封非压缩流体中某
一点所受压力，则流体各点
所受压力将以相同程度增加。

虽说"汽车是不会突然停止的"，但那么沉重的物体
在以每小时50 km的速度运行时刹车停下（即使是轻量车也
将近一吨重），也并不容易。不过，当我们踩下刹车便可
以在10s内安全停下。仔细想想，人脚踩刹车用的力气理应
无法在10s内使如此重的汽车停下。也就是说，一定是利用
了某种原理使力量变大。那到底是什么原理呢？

说到增加力量的方式，我们说过"杠杆原理"，不过
它不足以用人力使汽车停下来。普通轿车使用的是"液压
制动系统"。它与杠杆原理完全不同，是通过"**帕斯卡定**

律"来使力量变大。

📍 压力到底是什么？

首先，帕斯卡定律中说的"压力"是什么呢？ 压力是"向单位面积施加的力"，表示为每平方米的力，即以 Pa 为单位表示N/m²（"N"[1]是力的单位）。例如，如果1平方米上施加的力是2N，压力则为2Pa。

接着来看一个例题。"如果要将2Pa的压力施加于4m²的平面，那么总共需要多少力？"答案是，要使2Pa的压力

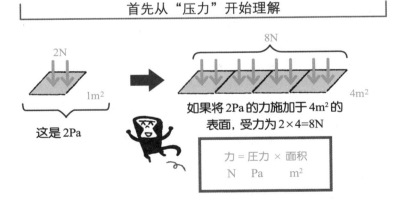

首先从"压力"开始理解

2N

1m²

这是2Pa

8N

4m²

如果将2Pa的力施加于4m²的表面，受力为2×4=8N

力 = 压力 × 面积
N   Pa   m²

---

❶ 重1kg的物体所受的重力约为9.8N。这里的9.8是从第2章第1节中出现的重力加速度而来的。

施加于4m²需要2×4=8N。这样，我想我们就可以明白"力=压力×面积"关系是成立的。

📍 传递压力便可使力增幅的原因

将非压缩流体（指不可压缩流体，如油或水等）密封在容器中使其不泄漏。现对密封流体的一端施加力。例如，增加3Pa压力，则流体中所有各点（即任何部分）的压力都将增加3Pa。

那么，为什么运用帕斯卡定律就能将力增幅呢？让我们回想一下刚刚说的"压力与力的关系"吧。3Pa是说"每平方米受3N的力"。因此，当受压面积增大时，力也会增

施加于一端的压力会分散到各个部分

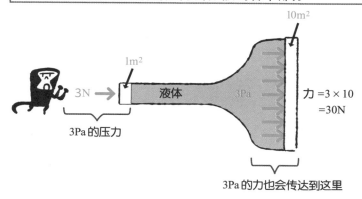

加。例如，如果流体一端的活塞（盖子）的面积为1m²，另一端的活塞面积为10m²，则当施加3N的力（3Pa的压强）于1m²的活塞时，另一端的活塞上也会受到3Pa的压力，因其面积为10m²，所以受力为30N。

回到汽车刹车系统，在刹车踏板一侧放一个面积较小的活塞，在轮胎侧放置一个面积较大的活塞，则可以将踩下刹车踏板的力放大数倍后作用于轮胎。因利用了汽油的压力，所以这种方式的制动系统叫作"液压制动系统"。

📍 为什么压力是均匀传递的？

还有一个疑问，为什么压力在封闭的非压缩流体中是均匀传递的呢？这一点很不可思议。虽然可能有点难，但让我们一起思考看看吧。

假设我们用力推了流体一端的活塞，活塞接触的流体分子随之被强烈按压，其分子的运动速度上升。由于流体中充满分子，所以它们相互撞击，所有分子的速度都以同样节奏上升。

一个分子撞击时给予活塞的力取决于分子运动的速度。请把它想成和敲门差不多的动作。敲一次门时给门的力取决于拳头的速度。因此，活塞的面积越大，撞击的分子数量就越多，总体上施加在活塞上的力也就越大。

我们平时踩刹车时并不太注意，但汽油分子正在脚下咚咚咚地撞击，并把力传到轮胎上……想象一下这个画面，我既感到不可思议，也略微领会到了物理的伟大力量。

不仅是刹车，挖掘机的机臂、飞机的转向舵等，需要较大的力时都会用到帕斯卡定律。如果我们一边思考"这也许是帕斯卡定律"，一边观察周围环境，能认识到其中的内在关系应该是很有意思的。

阿基米德定律
流体中的物体受到的浮力与物体排开流体的
重量大小相同。

　　身体在游泳池或大海里时会漂浮起来。我们能够轻易
想到"那是因为受到了'浮力'吧"，但像油轮那么大的
巨大铁块也能漂起来吗？说到底，浮力是什么呢？海水不
像地面一样有固定的形状，却可以支撑起人体和船，想到
这里有没有觉得不可思议呢？

⊙ 水压的运作原理

作为预备知识，让我们先了解一下水压的运作原理吧。沉在水中的物体会立即与周围的水分子发生碰撞。这种碰撞产生的施加在物体上的力就是水压。当然，一个水分子只能产生很小的力，但碰撞物体的水分子数量众多，所以产生的水压是相当大的。重要的是，水压是从四面八方施加于物体的力。

另外，水压具有地方越深，水压越大的特点。其原因是"某一点的水压大小是支撑该点以上的水所需的压力"这一事实。我们看看下图就很容易理解了，越深的地方"上面的水"的量就越大，因此需要的支撑水的力也就越大。也就是说，越深的地方水压就越大。

力会从四面八方挤向水中的物体

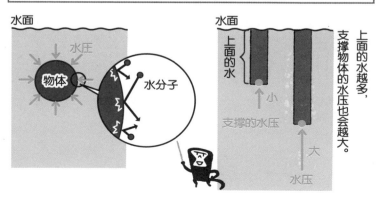

📍 浮力的原理

终于要说到浮力产生的原理了。像图里一样，想象一个长方体沉入水中，水压从四面八方施加到长方体上。也就是说，长方体从上下左右各个方向被挤压。不过，我们能看出由于在较深地方的水压②更大，总体还是留下了一点向上的力。这种"保留着的向上的力"就是"**浮力**"。

此外，我们还可以这样思考浮力的大小。想象一下在长方体沉入水中之前，长方体的位置是充满了水的。这部分水受着与长方体同样的浮力而得以停留在那个地方。也就是说，水的重量和所受浮力大小是相等的（平衡）。

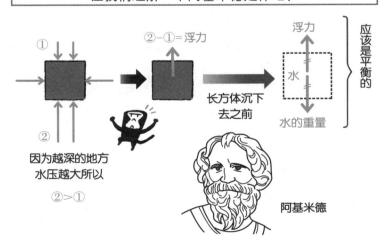

让我们理解一下阿基米德定律吧！

②-①= 浮力

浮力

水

应该是平衡的

水的重量

长方体沉下去之前

因为越深的地方水压越大所以

②>①

阿基米德

"长方体排开的水的重量与长方体受到的浮力的大小相等"，这就是"**阿基米德定律**"的含义。

另外，阿基米德定律成立的"流体"不仅包括水等液体，还包括空气等气体。空气很轻，1m³只有1.3mg（1mg是1/1000g），这样的流体中有什么东西能漂起来呢？例如，充满气的气球［如果半径为20cm，则体积为$4\pi\div3\times(20)^3=33000cm^3$左右］所受的浮力可以计算出为1.3mg×33000=42900mg =42.9g。橡胶气球似乎可以漂浮起来。

📍 估算油轮是否会漂浮在水面上

那么，人和油轮是否真的是因为这个原理漂浮起来的呢？也许会有些麻烦，但让我们简单估算一下吧。

例如，假设一个人体重60kg、身高170cm，然后将其体型粗略看作一个长170cm、宽40cm（大致的肩宽）、高10cm（从肚子到背部的厚度）的"长方体"（便于计算）。

如此一来，这个人沉入水中后排出的水的体积为：

$170\times40\times10=68000cm^3$。

1cm³的水重量为1g，68000cm³的浮力大小为68000g，即

68kg。即使是这么粗略的计算，也能算出浮力与体重大致相同。我想大家现在可以理解人是因为浮力作用才会在水中浮起来的吧！

那么油轮会怎么样呢？据"出光油轮"称，一艘300000t级油轮长约330m，宽60m，浸水深度约20m。也就是说，油轮排出的水的体积为：

$330 \times 60 \times 20 = 396000m^3$。

$1m^3$的水重量为1t❶，浮力的大小为396000t，这正好是使300000t油轮浮起来需要的浮力。

正如上述实例，无论体积大小，这两个物体都适用于相同原理，我相信这就是物理的魅力之处吧！

---

❶ $1m^3$是1000L。因为1L水的质量正好是1kg，所以1000L就是1000kg，即1t。顺便说一下，海水与淡水相比会重若干，但因为是估算，所以这里就忽略不计了。

第2章

从物体的运动理解 "物理"

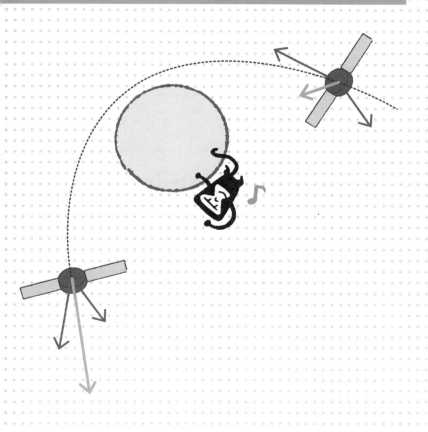

01 自由落体定律

自由落体定律

在可以忽略空气阻力的情况下，下落的物体以一定比例加速，其加速度不取决于物体的质量。

　　如果在同一高度同时扔下重的物体和轻的物体，哪一个会先到达地面呢？这是我们小时候都有过的疑问吧。直观地想，"较重的物体所受重力更大。所以会先达到地面"，不过我们也在学校学过"两个铁球同时落地"。这大概是没错的，可一想到"为什么呢"，还是觉得没有领会透彻。实际上是怎么一回事呢？

📍 伽利略·伽利雷的思考实验

针对上述问题，如果实际尝试去做，其实会遇到各种困难。比如说，我们设想："如果是同时抛下弹珠球和纸巾呢？"显然纸巾会慢慢飘落，比起弹珠下落得更慢。我们知道这是由于空气阻力的存在，所以该实验需要在"没有空气阻力的状态"下进行。但是，创造这样的条件很难，只有尽可能减少空气阻力的影响。于是，人们做出大小形状相同，材质不同的两个球体。如果球体太轻，那么空气阻力的影响会变大，所以必须要保证球体的重量，但是从高处抛下重物也是非常危险的。

虽然不知道是不是因为厌恶了这种左右顾虑的麻烦，有个人想到了一个意想不到的点子，从而解决了这个问题。这个人就是伽利略·伽利雷。伽利雷在其著作《新科学对话》中，借登场人物萨尔维亚之口论证了下述观点：

①分别抛下轻石头A和重头石B时，假设重石头B下落得更快。

②这次试着用线把轻的石头A和重的石头B接在一起再抛下来。这样的话，根据假设①，重石头B先落下，但由于重石头B被线向上拉着，所以比①时落得更慢。

③不过，"用线绑在一起的两块石头AB"比单独的

思考实验的方法

"重石头B"更沉。这样一来，根据假设①，明明AB理应比B更快落下，但②却反映出了相反的结果。

④像这样，做了"更重的物体下落更快"的假设，最后得到了"更重的物体下落得更慢"这一与假设相矛盾的结论，因此认为假设是错的。

当然，即使假设更轻的物体先落地，还是会出现同样的矛盾，所以最后只能得出"重的物体和轻的物体同时落下"的结论。人们称这种不进行实际实验而是根据逻辑推导出实验结论的方式为**"思考实验"**。当在实际情况下难以进行实验的时候，我相信通过思考实验找出事物本质的方法是有效的。

📍 实际上加速度是确定不变的

那么如果实际向下抛掷物体，会有什么样的速度呢？根据经验我们可以知道，物体开始会比较慢，后来会变得越来越快（加速）。现代测量到的其加速的程度（**加速度**）为"每秒约增加9.8m/s❶"。也就是说，如果以最初的速度0放开石头，其1s后的速度为9.8m/s，2s后的速度为19.6m/s，3s后的速度为29.4m/s。表示成如图所示，能便于人们理解。

下落速度随时间以一定的加速度增加

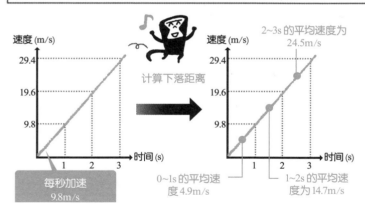

如果稍微下点功夫，我们也可以利用"平均速度"算

---

❶ 因为物体被地球重力吸引而产生了该加速度。人们称这种"每秒加快9.8m/s（9.8m/s²）的加速度为'重力加速度'"。

出下落的距离。第一秒的平均速度为4.9m/s，因此，在这一秒内下落4.9m。下一秒（1~2s）的平均速度为14.7m/s，下一秒（2~3s）的平均速度为24.5m/s……以此类推，在3s内，可以计算出下落距离为：

4.9 + 14.7 + 24.5 = 44.1（m）。

44.1m，大概有10层楼高吧。很难相信物体会仅用3s时间就落地了。

顺带一提，有说法认为"伽利雷在比萨斜塔抛下了一大一小的球，证实它们同时落地"是后世编造的故事，但如果实际进行这个实验会怎么样呢？比萨斜塔约55m高，如果像刚刚那样计算，球大约会花3.4s落地。因为它是一个3.4s就结束的现象，即使大小球的下落速度有些偏差，能否被准确地测试出来呢？或者，即使落地时间刚好相同，又如何证明是同时松开手的呢？一想到这些问题，针对这个实验我还是有一些小在意。各位读者对这个实验是怎么思考的呢？

运动定律

当对物体施力时，会产生与力相同方向的加速度。加速度的大小 a、物体的质量 m 和施加的力的大小 F 之间有着 $ma = F$ 的关系。这个公式被称为"运动方程"。

放在地板上的行李（如行李箱），用力去拉它才会动，如果力气变小，箱子就会渐渐停下来。因此，我们想当然地认为"物体只有在受力时才会动"，但实际上，物理定律并不是这样的。

如在"惯性定律（第1章第5节）"中说的那样，物体无需受力也可以持续运动。如果是那样的话，力的作用究竟是什么呢？实际上，力与物体的加速度之间是有关系的。接下来让我们详细看一看两者间的关系吧。

📍 关于球受力的误解

想象两个球，一个球被抛向空中正在上升，另一个球在半空中向下落。这两个球所受的力是什么呢？当然因为两个球都存在于地球上，所以都会受到重力的影响。此外，由于空气阻力很小，故认为可以忽略不计。

在这里，可能有些人会想："嗯？正在上升的球是不是有向上的升力呢？"可是，力是物体对物体的作用，不能脱离物体而单独存在。所以"因为正在上升，所以一定受力"的观点有两处错误。

错误1："因为正在上升"这一部分。""因为物体在运动所以一定有力存在"是不对的。

错误2："存在力"这一部分。力是"物体对物体的作用"，而不是"物体本身具有的"。

两个球没有受到"除重力之外的力"。

其实重力就是"地球吸引物体的力"。总之，可以把它理解为由于地球和物体的相互作用而产生的施加于物体的力❶。

其他可能作用于球的力有手拿着球时"手按着球的

---

❶ 地球吸引物体的同时，物体会以相同大小的力反过来拉地球。这是由于作用和反作用定律（第57页）。

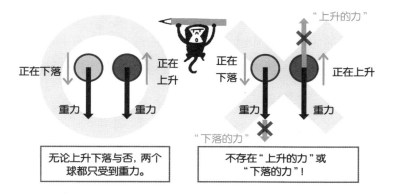

正在下落的球和正在上升的球的受力情况

无论上升下落与否，两个球都只受到重力。

不存在"上升的力"或"下落的力"！

力"，球杆击球的瞬间"球杆推球的力"等，但是这些都是球因和某一物体接触而受到的作用力。在前文的设定中，由于球处于空中，所以仅受重力。

有人可能会想："如果这样，那么球是如何能够向上运动的呢？"其实这是因为人用手拿着球并对其施加了向上的力，由此获得了速度（初始速度）的球，即使从手中离开（手施加的力消失了），也会继续以向上的速度上升（这是由于惯性定律）。

球的加速度是什么？

目前为止我们知道，处于空中的球在上升和下落的过程中仅受到向下的重力，但是这就可以断定"物体的受力方向"和"物体的运动方向"之间没有特定关系吗？

相比上述观点，不如说这两个球的共同点是"速度的变化"，即加速度一致。加速度是指"每秒速度的变化量"，之前介绍过下落物体的加速度是"每秒约9.8m/s[❶]"。不过这一次还多一个上升情况，所以需要多费一些口舌。

首先，根据球的上升和下落分别解释一下 "向下的加速度为9.8m/s²"的意思。

根据"自由落体定律"，球在下落时，其下落速度将以每秒增加9.8m/s的方式加快。也就是说，在某个时间点为9.8m/s的速度，在1s之后会变为19.6m/s，2s后变为29.4m/s，人们称这种加速方式为 "向下加速度9.8m/s²"。

球在上升过程中，我们一般默认为"向上运动为正，向下为负"。因此， "向下加速度9.8m/s²"表示"向上的速度以每秒9.8m/s的方式减少"。具体来说，某一时间向

---

❶ 其表示为9.8m/s²，读作"9.8米每二次方秒"。

加速度的测量

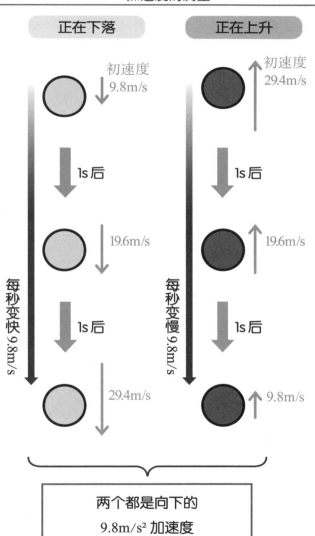

正在下落

初速度
↓ 9.8m/s

1s 后

每秒变快 9.8m/s

19.6m/s

1s 后

29.4m/s

正在上升

↑ 初速度
29.4m/s

1s 后

每秒变慢 9.8m/s

↑ 19.6m/s

1s 后

↑ 9.8m/s

两个都是向下的
9.8m/s² 加速度

上的速度为29.4m/s，1s后变为19.6m/s，2s后为9.8m/s。

基于上述情况，可以说球在上升和下落过程中都具有向下9.8m/s²的加速度。正在上升的球以每秒减少9.8m/s的速度变慢，在下落时以每秒增加9.8m/s的速度变快。

⊙ 向下加速度的来源在哪里？

"球所受的向下的力（此情况下为重力）"使球产生了向下加速度。球体在下落过程中发生了两件事。

①如果向下拉正在上升的球，运动会遭到阻碍，球会逐渐慢下来。

②如果向下拽正在下落的球，球会越来越快。

虽然有些烦琐，但是由于物体并不一定会沿着力的方向运动，所以即使向下拉正在上升的球，它也不会突然向下运动。正如"汽车无法突然停止"，车即使在行驶过程中急刹车（与行驶方向相反），也不会突然改变汽车的运动方向。

我们再来思考一下对物体施加的力的大小与加速度大小之间的关系吧。因为球的情况不太好想象，所以我们设想一下在光滑地板上拉拽行李。

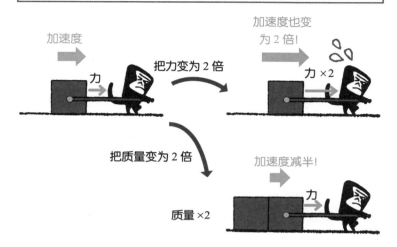

"加速度、质量"与"力"的关系

加速度

力

把力变为2倍

加速度也变为2倍!

力×2

把质量变为2倍

加速度减半!

质量×2

力

首先，施力越大，物体移动越快。如果仔细测量的话，我们可以推导出"力的大小和加速度的大小成比例"的结论。

另外，我们知道即使施加相同大小的力，相比较轻的物体，较重的物体更难移动。通过仔细的测量，我们便会得到"物体的质量和加速度大小是成反比的"结论。

运动定律和运动方程

综上所述，施加在物体上的力F、物体产生的加速度的大小a、物体的质量m之间，有着"a与F成正比"和"a

与m成反比"的关系。也就是说，如果比例常数为k，则$a=k\cdot F/m$，但是如果想把k设为1，确定F的单位（该单位为"N"），就会变成，$a=F/m$。若把F变为2倍的话，a也会变为2倍（正比例），将m变为2倍的话，a会变为$\frac{1}{2}$倍（反比例）。这就是表明了施加于物体的力与物体加速度之间的关系的"**运动定律**"。因为分数的形式难于记忆，通常我们在等式两边乘以m，以$ma=F$的形式进行记忆。这个公式就是"**运动方程**"。有了运动方程，便可以算出对物体施加力（F）时产生的加速度（a）了。

如果知道加速度的话，就可以计算以下内容。

①速度在一段时间内会变得多快。

②移动的距离。

（在"自由落体定律"一节中，通过图表计算得出。）因此可以说，这个运动定律是表现物体运动的根本性定律。

目前，以下三个定律组成了"牛顿力学"，并广泛应用于各个领域。

· 第一定律"惯性定律（第1章第5节）"。

· 第二定律"运动定律（第2章第2节）"。

· 第三定律"作用与反作用定律（第2章第3节）"。

基本来说，这三条定律解释了所有物体的运动规律。现阶段这个定律不能解释的只有原子大小的微观世界，或物体的速度接近光速等非常极端的情况（第6章会再次提到）。

此外，在这里稍微补充一下提到的旅行箱的例子，因为摩擦力的存在，所以"不继续施加力的话，行李箱就会停止"。根据惯性定律，行李箱开始运动后本应该持续运动下去，但由于摩擦力会产生负的加速度（这是本节讨论的运动定律），速度会降低，最终降为零。正如本节所探讨的案例一般，我们身边的各种运动现象都可以通过运动定律来进行理解。

03 作用力与反作用力定律

▶如果横纲 ❶ 级别的相扑选手和小学生相撞的话

作用力与反作用力定律
当两个物体相互施力时，一方物体承受的力
与另一方物体承受的力大小相等
且方向相反。

让我们来想象一下单手用力推墙的场景，也就是流行
过一时的"壁咚"。当然，墙壁因为被手推压而摇动，但
手同时也因墙壁推回来而感到疼痛。或者让我们想象一
下用棒球棍击球的瞬间，球当然会受到来自球棒的强大
击打力（所以会飞出去），与之相反，球棒也受到了球的
强烈冲击（正因如此，球棒有时会断掉）。通过这些身边
的现象，我们可以推测出，力并不会"单方面施加于另一

---

❶ 横纲是日本相扑运动员（力士）资格的最高级称号。

方"，相反"如果向对方施加力，力一定会反过来作用于自己"。

⊙ 什么是作用力与反作用力？

这是一个很严谨的物理定律。在手推墙的例子中，"手推墙的力"和"墙推手的力"的大小相同，方向相反（这叫作"等大且反方向"）。同样，在球棒击球的例子中，"球棒击球的力"和"球击球棒的力"也是等大和反向的。

通常，两个力中的一个叫作"作用力"，另一个叫作"反作用力"，因此，人们称这个作用力与反作用力相等且反方向的定律为**"作用力与反作用力定律"**。

通常我们倾向于把包含人的意志的那一方（如手推墙的力）称为作用力，但把哪种力称为作用力是没有特别规定的。这是因为，像"当两个滚来的球正面相撞"时，没有办法确定到底是谁先对谁施力。当然，即使在这种情况下，双方相互作用的力也是等大且反方向的。

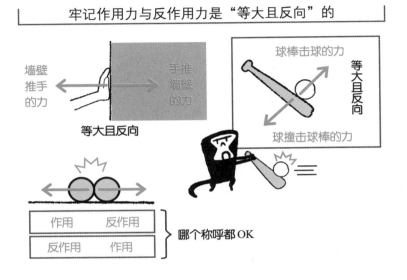

牢记作用力与反作用力是"等大且反向"的

墙壁推手的力

手推墙壁的力

等大且反向

球棒击球的力

等大且反向

球撞击球棒的力

作用　　反作用

反作用　　作用

哪个称呼都 OK

📍 如果横纲撞到小学生……

我们很容易想象，当大相扑横纲从正面撞向一个手无寸铁的10岁小学生时，小学生会被猛地弹飞，而横纲只会微微动一下……那么在这种情况下，"横纲推小学生的力"和"小学生推横纲的力"也可以说是等大且相反的吗？

前文所述的"运动定律"有助于我们思考这个情况。施加相同大小的力，当质量变成2倍时，产生的加速度就会减半（质量和加速度成反比）。如果横纲的体重和小学生的体重相差4倍的话，横纲的加速度只有小学生的四分之一。因此，即使产生了把小学生弹飞的加速度，但横纲身上产生的加速度很小，不足以停止他的前进。

如果小学生撞到横纲，会被弹飞吗？

同样，在太空中飞行的火箭也会应用到这种作用力与反作用力原理。火箭发动机喷出的火焰是利用了化学反应产生的能量使气体高速喷出❶。气体分子受到火箭喷出方向的力，而其反作用力会作用到火箭本身。然后火箭根据运动定律产生加速度，速度不断变快直至到达外太空……

无论身边还是宇宙，有时都会遵循着同一个定律，我相信这就是物理的魅力之处吧。

---

❶ 以这种方式将大型火箭从地面运送到太空需要大量的燃料。因此，燃料占火箭质量的80%~90%及以上。

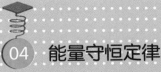

能量守恒定律
在没有摩擦力和空气阻力的情况下，力学能量（动能和势能之和）是恒定的。

我们经常可以在日常生活中看到"能量"这个词，比如说"他总是精力充沛""感觉这个地方的气场很强啊""积极的话能给人正能量"❶……当然，上述举例和物理中的能量一词不是一个意思，不过有一点是共通的，就是都会让人联想到"那个人、地点、话语拥有的强大力量"。

---

❶ 日语中"精力""气场"都可用"エネルギー（能量）"来表示。

📍 动能就是"运动的势头"

那么，物理学中所说的"能量"到底是什么呢？虽然它是一个很深奥的词，不过还是让我们从最基础容易理解的"动能"开始一探究竟吧。动能类似于日常生活中的能量一词，大体来说可以表示"物体运动的气势和威力"。

公式定义如下图所示，其中单位J读作"焦耳"。

动能公式

如果设物体的质量为m[kg]，速度为v[m/s]，
则物体的动能可表示为：

$$动能 = \frac{1}{2}mv^2 \ [J]$$

实际用数字替换一下的话即表示为：

	质量m[kg]	速度v[m/s]	动能[J]
①	2	1	1
②	2	2	4
③	4	1	2
④	4	2	8

①和②、③和④比较：速度为2倍→动能为4倍
①和③、②和④比较：质量为2倍→动能为2倍

如果看了公式，脑海里还是没有想法的话，我们不妨代入数字试试看，说不定就会有些感觉了。当质量或速度变大时，动能也会增加。例如，对比①和②的话，质量相

同，当速度变为2倍时，动能会变为4倍；对比②和④的话，我们会发现在相同的速度下，质量翻倍时，动能也将翻倍。

举一个更实际的例子，假设棒球比赛上有位选手冲入本垒，当选手奔跑速度翻倍时，其动能将变为4倍；一个体重是其2倍的选手以相同的正常速度跑的话，他们的动能就产生了两倍的差异。

相扑比赛上，大型相扑选手拼尽全力激烈竞争，正是能量和能量的对决。动能不是用"好厉害"这种词形容，而是用数字来表示"气势（质量、速度）"的。

📍 增加动能的条件

当球从高处落下时，其速度会变快。因此，球的动能会在下落的时间里增加，这是因为球受重力牵引。同样，如果你去拉放在地板上的行李箱，静止的行李箱会开始移动（即动能增加）。像这样，向物体施加力去拉动它时，物体速度变快……也就是说，动能增加。回顾"运动定律"，这也是理所当然的事。

其实，严格地说，"做功"这一概念是存在的。这与日常生活中说的"工作"略有不同，像下图定义的那样，

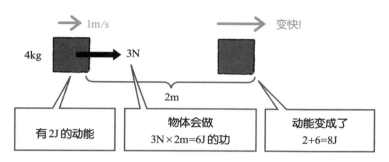

什么是做功?

力对物体做功[J]= 力[N] × 物体的位移[m]

※但如果力和移动方向相反的话, 就要加上减号

| 有2J的动能 | 物体会做
3N×2m=6J 的功 | 动能变成了
2+6=8J |

它是一个数值。功的单位和动能一样, 都是J。

例如, 如果一边对物体施加3N力, 一边把它拉开2m远, 就对物体做了6J的功。而这种"做功"可以使动能增加。换句话说, **对物体做的功=物体动能的变化量**, 这一关系是成立的。例如, 如果把6J的功加在本来就有2J动能的物体上, 该物体的动能会变为8J。我们也能推算出由于动能变为原来的四倍, 所以速度是原来的两倍等情况。

📍 动能的储蓄

在了解了这些知识后, 让我们把关注的视线移到高处的物体吧。由于它现在只是被放置在高处静止不动，所以其动能为零。但是，如果这个物体向地板掉落，因为重力会做功从而会产生动能。换句话说，物体"在高处"意味着当它掉到地板上时（因为重力会做功），它便可以获得动能。可以说它体内"储蓄着动能"。

这种"动能储蓄"就是"**势能**"。准确地说是"重力势能"，是指"当落至基准高度（这里为地板的位置）时，重力做功的大小"。

为了便于理解，我们可以试着将动能比作"现金"，势能比作"储蓄"。物体从高处掉到地板上，就相当于"将放在高处的储蓄逐渐兑换为现金，直至全部兑换完为止"。相反，物体从低处上升到高处，则相当于"将现金转换为储蓄"。

如果我们把"现金+储蓄"看作"总资产"的话，就会发现物体无论下落或上升，其总资产并没有发生改变。在物理学上，我们称这里的总资产为"**机械能**"。

机械能=动能+势能

综上所述，当物体自由下落或上升时，其机械能保持不变。在物理学中，"数值不变"就是"守恒"的意思，所以人们称其为"机械能守恒定律"。通常在摩擦力和空气阻力不起作用的环境下，我们认为机械能是守恒的。

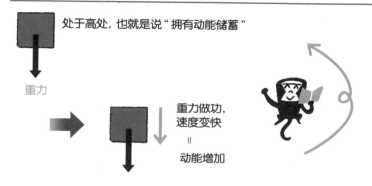

势能与动能的关系

处于高处，也就是说"拥有动能储蓄"

重力

重力做功，
速度变快
=
动能增加

📍 更广泛的"能量守恒定律"

虽然刚刚说了"机械能守恒"，但当存在摩擦力或空气阻力时，机械能会逐渐减少。例如，从滑梯的高处滑下时，臀部会受到摩擦力。因此，我们会失去大部分在高处时拥有的势能（储蓄），并且到达地面时仅拥有少量动能（现金）。不然的话，当我们滑到底部时，会因为势头太猛（动能）而受伤。因此，"机械能量守恒定律"不是时时刻刻都成立的。

但是话说回来，减少的机械能消失了吗？其实机械能并没有消失，只不过转化成了其他形式而已。在滑梯的例子中，减少的机械能变成了"滑梯和臀部的热能❶"。

因此，"能量"会以热、光、物质结合等形式转换，而不会消失不见，人们称其为"能量守恒定律"，它在任何时候都成立。

---

❶ 构成滑梯和臀部的原子会根据温度的大小，进行相应振动。（热运动：第1章第6节）。热运动的动能叫作"热能"。

05 角动量守恒定律

▶ 花样滑冰运动员使用的物理定律

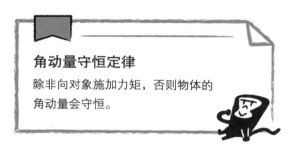

角动量守恒定律

除非向对象施加力矩，否则物体的
角动量会守恒。

在花样滑冰比赛里，当表演接近尾声时，运动员们会把手臂伸展开，慢慢旋转，然后一边收缩手臂，一边逐渐增加旋转圈数，到最后以令人眼花缭乱的速度结束比赛……

简单来说就是运动员展开双手缓慢旋转，收回双手高速旋转。接下来就让我们思考一下这两种速度产生的原理吧。

⊙ 旋转半径变小的话速度会变快？

其实这个秘密就隐藏在收回展开手的这一行为之中。首先，为了便于理解，在这里先简化一下该现象。像第69页的中间图片一样，想象一下你摇绳子的场景：一边用右手摇绳，一边用左手收绳。你会发现绳子旋转得越来越快。

或者用右手拿着一条串着5日元硬币的绳子，像钟摆一样摇动它。当5日元硬币摆动时，用左手拉绳子以缩短长度，你会发现摆动的速度同样越来越快。

从上述实验中可以推断出："围绕某一点做运动的物体，当与中心的距离（绳子或带子的长度）变短时，其速度会提高。" 在花样滑冰运动员的例子中，我们可以推断出 "收回张开的手"相当于缩短到中心的距离，因而选手的旋转速度会提高。

那么为什么会出现这样的现象呢？就像"机械能量守恒定律"中提及的那样，如果想要提高物体速度（增加动能），就必须对其"做功"。做功就是"向物体施加力的同时，沿着力的方向牵引"。为了方便读者理解，我们用图来解释一下第2个实验。我们可知5日元硬币会受到线的力（张力）。此外，由于"线变短→5日元硬币向张力方向移动"，所以对5日元硬币做了功，其动能增加。

花样滑冰运动员可以高速旋转的原因

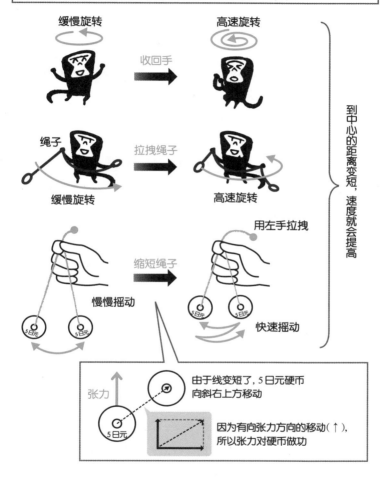

📍 导入角动量的便利之处

不过，每次都像上述一样思考问题的话会相当麻烦。因此，人们引入了一个更加方便的概念，那就是"角动量"。我们可以运用下述公式来表达"点 O 周围的角动量"。

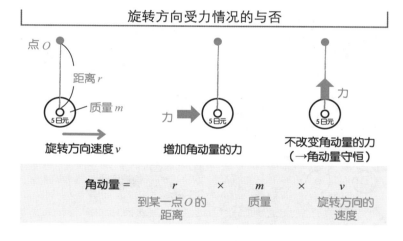

旋转方向受力情况的与否

点 O

距离 r

质量 m

旋转方向速度 v

力 → 增加角动量的力

力 ↑ 不改变角动量的力
（→角动量守恒）

角动量 ＝ r × m × v
　　　　　到某一点 O 的　质量　旋转方向的
　　　　　　　距离　　　　　　　　速度

根据"运动定律"，我们发现只要在旋转方向上施加力就可以增减角动量。此外，正如角动量方程所写的那样，"物体到点 O 的距离"越大（越远），角动量越大。

如图的右侧所示，如果只施加旋转方向以外的方向的力，其角动量值不会变化。在物理中，我们把数值不变称为"守恒"。换句话说，"如果只施加不指向旋转方向的力,则角动量守恒"。这就是"角动量守恒定律❶"的内容。

顺带一提,"旋转方向的力×该力到点O的距离"叫作"点O周围的力矩"。仔细想想,这在"杠杆原理"中也出现过。杠杆原理可以换个说法,即"支点周围的力矩是相互平衡的"。

在5日元硬币例子中,因为施加在5日元硬币上的力(张力)是向着旋转中心的,所以不指向旋转方向(与旋转中心方向成直角的方向)。也就是说,这是角动量守恒定律成立的一个条件。因此,可以得出以下结论,通过用手拉线来缩短长度,在"角动量=距离×质量×旋转速度"中,"旋转速度"会根据变短的"距离"相应增加(因为质量不变)。例如,如果绳子的长度减半,则旋转速度将变为原来的2倍。

我们也可以用同样的原理来理解花样滑冰运动员的旋转。施加在伸开的手上的力与带子的张力一样,只是"拉向身体的力量"。也就是说,没有朝着旋转方向的力。因此,如果角动量守恒定律成立,并且收回手,旋转速度就会提高。

---

❶ 所谓"不指向旋转方向的力",换句话说就是旋转中心方向的力,因此叫作"中心力"。也就是说,角动量仅在受中心力时守恒。

当我和从事花样滑冰运动的朋友谈到这些时，他告诉我说："我通常很少意识到这些物理定律，但在做旋转动作时深刻地感受到了角动量守恒定律。"下次就让作为观众的我们一边思考角动量定律，一边欣赏表演吧。

📍 角动量守恒定律其实很常见

事实上，角动量守恒定律存在于许多地方。比如刚才所列举的5日元硬币的例子，如果受"朝向某一定点的力"，则角动量守恒。除此之外，"龙卷风现象"的发生

低气压中产生的龙卷风旋转速度会越来越快

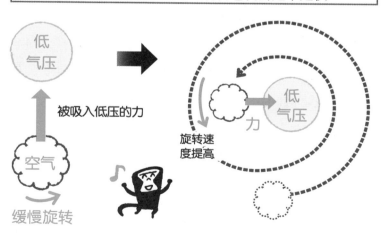

低气压

被吸入低压的力

空气

缓慢旋转

低气压

力

旋转速度提高

也应用到了角动量守恒定律。

龙卷风的气流会以惊人的速度旋转，但最初是会随着巨大的低压缓慢旋转的。低气压意味着"比周围环境的气压还要低的地方"，就像吸尘器一样，从周围把空气吸进来。当空气沿着低气压方向被吸进来时，旋转半径会逐渐缩小。在此过程中，空气的受力几乎只有"朝低压移动的力"，因此，角动量会守恒。

龙卷风的气流开始在5~40km的范围内缓慢旋转，然后旋转范围逐渐缩小到100~500m。由于旋转半径会变成原来的几十分之一，因此旋转速度增加了几十倍。即使假设一开始的旋转速度约为1m/s（面部可能会感觉到风），最终也会变为每秒几十米的速度（相当于台风的暴风区）。事实上，由于各种条件叠加起来，龙卷风的风速会时强时弱。

仔细想想的话，这和我们拔掉浴缸排水塞时，水一边旋转一边被吸入排水口的现象是一样的，拔掉排水塞时，浴缸中的水只有很小的旋转速度，在被吸入排水口的过程中，因旋转半径减小，所以旋转速度增加，这时我们可以观察到有涡流形成，就是这个道理。

无论如何，只要符合"只有朝着某一定点的力的运动"这一条件，角动量就是守恒的。我相信只要我们细心观察身边的事物，一定可以感受到物理的存在。

06 开普勒定律

▶ 通过大量数据描画出来的科学天体图

开普勒定律

围绕太阳旋转的行星具有以下特征：

（1）行星围绕以太阳为焦点的椭圆轨道运行。

（2）连接行星和太阳的线在一定时间内扫过的面积是恒定的。

（3）所有行星的公转周期平方与椭圆长轴的立方之比都相同。

　　太阳每天从东边升起，于西边落下，其他恒星也是如此。因此，古人们认为"太阳、行星和其他恒星"绕着地球转也并不奇怪。这就是所谓的"天动说"。

　　但是，现在我们意识到"太阳是中心，地球和其他行星绕着它转"，也就是人们常说的"地动说"。那么人类的认知是如何发生变化的呢？接下来让我们简明扼要地追溯一下其发展史吧。

⦿ 天动说出人意料的复杂

天动说出现于公元前2世纪左右的古希腊时期。然而，不能单纯地认为"太阳和行星以恒定的速度围绕地球进行圆周运动（我们称之为匀速圆周运动）"。当时，人们已经知道行星（水星、金星、火星、木星和土星）并没有以恒定速度于天空中运行，它们也可能会一时偏行。为了再现这样的运行，在简单匀速圆周运动中是不可能的，需要在圆周运动中再叠加一个圆周运动。如图所示，在以"以地球为中心做匀速圆周运动的点P"为中心的小半径圆上，

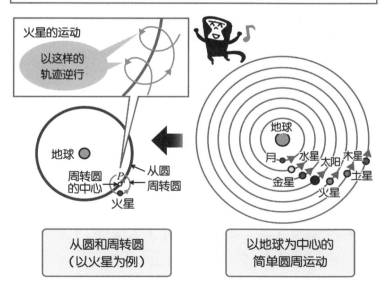

天动说的发展

火星的运动
以这样的轨迹逆行

地球
周转圆的中心 P 从圆
火星 周转圆

从圆和周转圆
（以火星为例）

地球
月 水星 木星
金星 太阳 土星
火星

以地球为中心的
简单圆周运动

行星做匀速圆周运动。行星运行的小圆叫作"周转圆"，周转圆中心（点P）的轨道叫作"从圆"。

不过，这也与观测数据有点出入，所以古罗马学者托勒密认为，"从圆的中心稍微偏离了地球"。此外，他还将位于与从圆中心相对，与地球对称之处的点称为 equant，认为周转圆的中心总以恒定角速度相对于 equant 旋转（每秒旋转的角度相同）。

天动说的发展

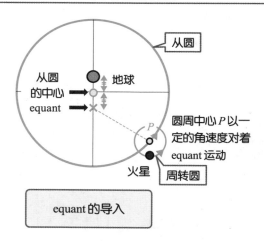

equant 的导入

此时，周转圆中心的速度不是恒定的，不仅难以用文字表现，也很难用图表示。在这里，我们只要明白它是要"通过和以地球为中心的圆周轨道复杂重合，来重现行星的运动"，就足够了。

实际上，就像"围绕周转圆旋转的周转圆"一样，现代人看来，可能会觉得"这种奇怪的事，多亏你们这么费尽心思地思考啊"。然而，当时的人们应该都有一种"我们生活的地球是世界的中心，一片永恒的大地"的感觉，所以就自然而然地认为，遥远天空中的星星是沿着优美的、没有扭曲的"圆"形运行的吧。

⊙ 哥白尼的地动说

托勒密的天动说虽然存在许多问题，但因为没有其他理论可以充分解释行星的运行，所以在16世纪前，大家都信奉该学说。但是波兰天文学家哥白尼在16世纪发表了"地动说"，他认为地球和其他行星是围绕太阳旋转的。

这一次，如果你单纯地以为"行星沿着以太阳为中心的运行轨迹旋转"就又会偏离观测数据了，所以我们仍然需要一个"围绕着偏离太阳的点的圆，和围绕该圆旋转的周转圆"的模型。这个理论也同样复杂，但是它不仅仅能像托勒密理论一样准确预测行星运作，还解决了托勒密系统特有的一些问题，可以说该理论是极具划时代意义的，特别是不使用"equant"，而用匀速圆周运动的组合来表示行星运动，这一点与当时的宇宙观（或者说对自然的审美）相吻合。

📍 第谷·布拉赫和开普勒

随着时代推移，下一个登场的是丹麦的天文学家第谷·布拉赫（Tico Brae）。在望远镜尚未被发明的时代，他坚持用肉眼观测天体，并留下了大量精密数据。听说他年轻时，在一次决斗中被人砍掉了鼻子，之后一直佩戴假鼻子。他每次取下假鼻子透过观察设备观测时，眼睛的位置都刚好固定在同一位置。这也许也对数据的精确性提供了一些帮助吧。

在第谷之后的德国天文学家约翰内斯·开普勒继承了这些精密数据，并进行了分析。在第谷晚年，他聘请开普勒作为自己的合作研究者（也有说法说是助手）。在他去世后，开普勒率先用火星数据计算出了地球和火星围绕太阳运行的轨迹。一开始他和哥白尼他们一样，在匀速圆周运动的假设下进行计算，但观测数据和计算结果无论如何都会出现偏差。虽然花费多年得出的结果只有微小误差，但是他也不肯忽略，最终他认为"这个方法行不通"，于是更换了方法，放弃了匀速圆周运动的假设。

又经过几年的计算，开普勒终于得出了"行星的运行轨道是一个椭圆"这一划时代的结论。椭圆不是"把圆随便扭曲后的形状"，而是在数学上有准确定义的图形。这个椭圆轨道不再需要周转圆，行星会各自在一个椭圆上旋转，并且每个椭圆都是确定的。就这样他打破了"行星一定在圆形轨道上旋转"的束缚，从纯粹的观测数据中得出如此朴素的结论。

📍 开普勒三大定律

开普勒得出的结论最终总结成了三条定律，在第谷去世后的第18年，他将这三条定律全部公开了。

为了便于理解，希望大家可以参照下图阅读本文。本图以火星为例，当然其他行星也是一样的。

（第一定律）

行星以太阳为一个焦点，沿椭圆形轨道运行。

椭圆有两个"焦点❶"。太阳总是位于其中一个焦点，

---

❶ 按照"到两个焦点的距离之和相等的点"绘制形状的话，便能画出椭圆。

但是另一个焦点上却什么都没有。因此，行星不断地来回地接近、远离太阳。

（第二定律）

连结行星和太阳的线在相同时间内扫过的面积是一定的。

说得简单些，行星接近太阳时运行得更快。

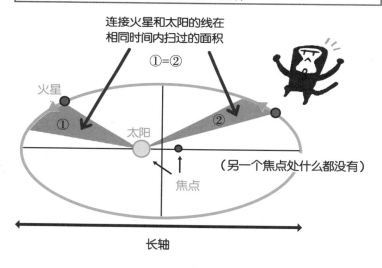

开普勒第二定律

连接火星和太阳的线在相同时间内扫过的面积

①=②

火星

①

太阳

②

（另一个焦点处什么都没有）

焦点

长轴

例如，要使图中的①和②面积相等，火星的速度在图左侧时必须更快，在右侧时必须较慢。顺带一提，这个定律的内容实际上与"角动量守恒定律"（当到中心的距离变短时，旋转速度增加）是相同的。

（第三定律）

任何行星的公转周期的平方与椭圆长轴（较长的直径长度）的立方的比值都是相同的。

这就是说，公转周期较长的行星在离太阳较远的轨道上运行。

开普勒三大定律是从大量数据中总结出来的简单定律，是一种"经验论"，所以无法说明这些定律成立的原因。尽管如此，与传统的天动说或哥白尼的地动说相比，开普勒三大定律对于行星运作的说明要精准很多，所以该定律的出现对当时的人们产生了极大的影响。

大约70年后，开普勒三大定律成为了牛顿推导"万有引力定律"的直接基础。

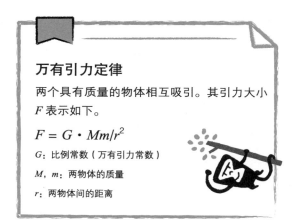

万有引力定律

两个具有质量的物体相互吸引。其引力大小 F 表示如下。

$$F = G \cdot Mm/r^2$$

G：比例常数（万有引力常数）

M，m：两物体的质量

r：两物体间的距离

由于开普勒定律简单精确，天动说与地动说的争论也至此而止，包括地球在内的行星围绕太阳旋转的宇宙观也由此被世人接受。

之后，人们理所当然地提出了"为什么行星是围绕太阳旋转的呢"这一问题。开普勒本人也思考了许多，比如他提出"太阳的'运动力'之类的影响，能沿着轨道的切线方向不断吸引行星"。

但是，如果我们不彻底明白"太阳对行星产生的影响是什么"，就无法正确地讨论下去。不幸的是，在开普勒

的时代，这一问题并未得到解决。直到70年后，牛顿在
《自然哲学的数学原理》一书中提出了力学三大定律，并
将其与开普勒定律相结合，证明了"万有引力"的存在。

牛顿在《自然哲学的数学原理》中发表的内容

牛顿首先宣布了惯性定律、运动定律和作用力与反作
用力定律这三个定律，并用数学验证了"行星需要如何受
力才能使开普勒定律成立"。现在人们一般会使用微分、
积分的方法来验证上述定理，但在牛顿的时代，微分、积
分还没有普及（因为微分、积分是牛顿发明的），当时依
旧是用几何学来证明的。即使是对现代物理非常熟悉的人
来说，这些内容也是十分生涩难懂的，对我而言也是个难
啃的骨头。

根据证明，要使开普勒三大定律成立就必须满足以下
两个条件。

（1）行星所受引力大小与到太阳的距离的平方成反
比，与行星的质量成正比。

（2）行星所受引力的方向与太阳引力的方向一致❶。在这里，我们不把太阳看成是一个特别的存在，如果作用力与反作用力定律成立，也就可以说，太阳与行星受到的力是相同大小的。如此一来，根据（1），力的大小也与太阳的质量成正比。

综上所述，行星和太阳相互施加着如下页所示大小的力*F*。力的大小与太阳和行星之间的距离的平方成反比，与两者质量的积成正比。

这条定律的含义不是"太阳施加力给行星"，而是"所有有质量的物体都会相互吸引"。也正是因此，它才被称为**"万有引力定律"**。根据该定律，不仅"地球被太阳吸引并绕着太阳旋转"，而且"月亮被地球吸引并绕着地球旋转""苹果被地球吸引而掉落"，也就是说，天上的现象和地上的现象都可以用同样的原理来解释。顺便说一句，为什么太阳明明受着行星同样大小的引力却几乎纹丝不动，而仅仅是行星在运动呢？这是因为太阳的质量比行星质量大得多。

根据运动定律，物体产生的加速度与其质量成反比，

---

❶此性质（2）表示万有引力是中心力（不指向旋转方向的力），这也说明开普勒的第二定律的含义与角动量守恒定律的含义相同。

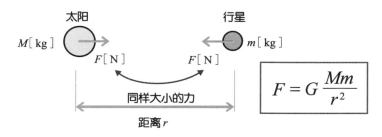

$$F = G\ \frac{Mm}{r^2}$$

G：比例常数（万有引力常数）
M：太阳质量
m：行星质量
r：太阳到行星的距离

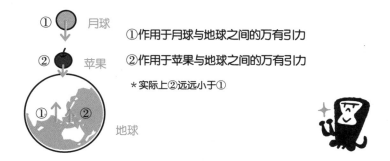

①作用于月球与地球之间的万有引力

②作用于苹果与地球之间的万有引力

★实际上②远远小于①

因此，如果行星和太阳受力大小相同，太阳产生的加速度非常小。因此，太阳几乎不动，只有行星转动。

此外，就像站在你旁边的人或者你自己都受到万有引力，可以说有质量的东西都是受万有引力的。那么，当两个体重为50kg的人站在相距1m远的地方时，他们互相施加了多少万有引力呢？计算一下的话，大约是千分之一N。50kg重的人施加的万有引力是地球的万有引力的三百亿分之一，这个力是极其微小的。

因此，在日常生活中，我们几乎不会受到周围物体万有引力的影响，不会给我们的移动带来困难。

📍 引力？重力？万有引力？它们的区别是什么？

一些读者可能会想："引力、重力，和万有引力有什么区别？"我们看似明白，但是实际使用时还是会混淆。所以，接下来还是来整理、归纳一下它们的区别吧。

首先，"引力"一词的意思是"吸引力"。因此，除了太阳和地球之间的引力外，①"电的正负相吸"也是引力。此外，②"磁铁的N极和S极相互吸引"也是引力。③"有质量的物体相互吸引"也是引力。因为它们都是相互吸引的，所以可称为"引力"。

与此相对，"万有引力"一词特指最后一个③"有质量的物体相互吸引的力"。"万有"的意思是"所有物体都有"。一般来看,一切物体都是有质量的,"有质量的物体具有的吸引力",因此叫"万有引力"。

不过,还有一个无法简化该理解的一个原因需要介绍。刚刚说过"引力"一词用于①到③的含义中,但是根据上下文,它有时也作③中的"万有引力"之意使用。这里的内容需要联系上下文来看,它指"不是包括了电磁力的引力,而是关于质量的万有引力"。

另一个奇怪的是"重力"。也许有人误以为"重力=万有引力",但并不是这么回事。"重力"是指地球上的物体所受到的万有引力和离心力之合力。可能有读者听说过:"一个在东京时体重为60kg的人,在赤道时的体重是不到60kg的。"如图所示,这是因为在赤道上,离心力的方向与地平面成直角向上,与万有引力方向完全相反,因而具有最大程度抵消万有引力的作用。因此,"重力"≠万有引力。

重力 = 万有引力 + 离心力

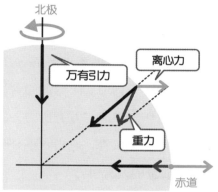

＊此图极度放大了离心力的存在。

　　不过值得注意的是，在某些情况下，"重力"与"万有引力"可以互换使用。例如，"人造卫星受到木星的重力而变轨（变快）"，是指人工卫星利用木星的万有引力去加速。

利用了行星重力的变轨

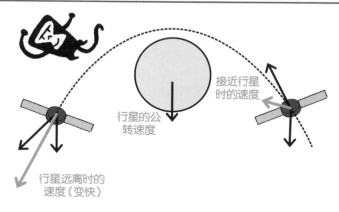

上述内容可总结为以下三点。

（1）**万有引力**：有质量的东西相互吸引的力。

（2）**引力**：物体相互吸引的力，包含电力、磁力、万有引力等，不是只有万有引力。但是，有时也用"引力"来表示"万有引力"的意思。

（3）**重力**：施加于地球上的物体的力，是万有引力和离心力的合力。但是，有时"重力"也用于表示"万有引力"。

📍 对新天体的预言和发现

就像前面提到的例子那样，与正、负引力（电动力）、N极和S极之间的力（磁力）相比，万有引力要小得多。其证据是，如果你把磁铁放在铁边，放开手，铁会被磁铁吸走而不会掉到地上（万有引力的影响）。并且，与电力和磁力不同，万有引力没有"排斥力"。另外，只要稍微离远一点，电力和磁力就会大幅减小。然而，如果达到大质量的宇宙规模时，万有引力就会产生影响。所以，可以认为宇宙中各种各样的结构和现象都是由万有引力引起的。围绕地球旋转的月亮，围绕太阳旋转的行星都受到万有引力的影响。

下面我来介绍两个星球吧，人们通过万有引力定律的计算预测到它们的存在，并最终发现了它们。

第一个就是**哈雷彗星**。英国天文学家哈雷在1682年（《自然哲学的数学原理》出版前不久）观测到了一颗彗星，并注意到它的运行轨道几乎与曾于1531年和1607年被观测到的彗星的运行轨道一样。哈雷算出了这颗彗星受到的来自太阳和行星的万有引力，并预测了"这颗彗星大约在1758年会再次运行回来"。哈雷于1742年去世，但和他的预测结果一样，人们在1758年再次观测到了这颗彗星。为了纪念他的成就，这颗彗星被命名为"哈雷彗星"。

另一个就是"**海王星**"。目前，海王星被认为是太阳系中位于最外层的行星，这个地位在海王星被发现前，一直是由天王星占据的。人们在1781年探测到了天王星的存在，但人们立即发现它的轨道有一个不能用"太阳等已知天体的万有引力"来解释的微小误差。

法国天文学家勒维耶和英国天文学家亚当斯推测其原因可能是"除了天王星之外，还存在一颗未知的行星，天王星也许受到了那颗行星的引力"，最终二人分别计算出了这颗未知行星的位置。1846年，德国天文学家在预测位置发现了海王星这颗新的星球。

📍 暗物质的证据

就像行星和彗星围绕太阳旋转一样，众星围绕着银河系的中心旋转。螺旋状银河的中心有一个质量巨大的黑洞，其周围有一个星球密集的区域（称为核球）。而且，它外面分布着螺旋状的星群，这些星群受核球和银河系中心的黑洞的引力，围绕银河旋转。

这样一来，这与"行星围绕太阳旋转"的情况大概相同，所以人们推测它可能同样适用于开普勒定律。由于中心天体不是一个，而是像核球一样拥有一定范围的星系，因此，必须改正后再计算，不过大致可以推测出"越是在银河系外侧的恒星，旋转速度（公转速度）越慢"。这与开普勒第三定律内容相同。

然而，20世纪70年代，美国天文学家维拉·鲁宾（Vela Lubin）等人在观察了数十个星系后发现，恒星的公转方向即使朝向银河系外侧，其移动速度也并没有变慢。

这也就意味着银河系中有很多"尚未计算的质量"。因为人们已经把所有已知恒星的质量都加入计算中了，该结论只能说明"银河系中存在着很多我们看不见的物质"。

通过后发座星团的一系列相关计算，在19世纪30年代瑞士天文学家弗里茨城·兹威基提出了"**暗物质**"这一个

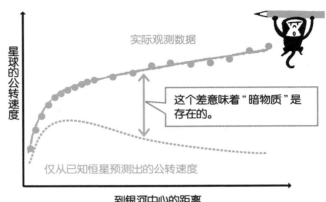

从 M33 星系观测到的恒星公转速度图表。
笔者根据 E.Corbelli and P.Salucci，Monthly Notices of the Royal Astronomical Society311（2）：441-447 Fig.6 制作而成。

概念。在兹威基后，薇拉·鲁宾首次通过自己的观察结果证实了暗物质的存在。但是由于暗物质本身是看不见的，所以"直接"一词或许不太合适，但就像鲁宾的观测结果论述的那样，至少在牛顿力学范围内"银河系中存在着很多看不见的物质"这一点是正确的。

鲁宾多次被提名为诺贝尔物理学奖的候选人，然而，直到她去世时，仍未摘得诺奖的桂冠。

08 哈勃－勒梅特定律

▶ 首次表明了宇宙开端的存在

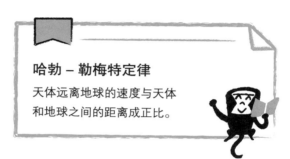

哈勃－勒梅特定律
天体远离地球的速度与天体和地球之间的距离成正比。

　　开普勒定律的确立说明了地球不是宇宙中心这样的特殊存在。万有引力定律又说明了太阳也不是特别的存在，而是"地球受太阳的引力，与此同时太阳反过来也受地球的引力"。

　　在这之后，天文学不断发展，1718年（牛顿宣布万有引力定律后约30年）英国的哈雷发现了**"恒星的固有运动"**，这说明恒星（像太阳一样可以发光的恒星）在宇宙中并不是静止的，而是由于某种原因不断运动的。

📍 通过颜色来表征银河的退行速度

最初哈雷发现了水平方向的恒星固有运动（与视线方向垂直的平面上）。但随着时间的推移，他检测到"同一天体发光的颜色比原来更红"，因而他发觉原来有些固有运动是与视线平行的（纵向运动）。对此，在这里想简单地说明一下其原理。

发声物体（声源）远离观察者时，声波的波长会增加，其结果听上去声音比较低沉（这和与救护车交错驶过时的情况一样）。对此，我们会在"多普勒效应"部分（第5章第3节）中详细介绍。

其实光也遵循同样原理。当发光物体（光源）远离观察者时，光的波长会增加。当光的波长增加时，颜色就会变红。相反，当光源接近观察者时，波长变短，光会变蓝。

20世纪初，美国天文学家斯利弗实际测量了各种星系（用当时的话说叫作"星云"）的颜色，发现大多数星系都比原来的颜色更红了。假设这是多普勒效应的话，我们可以根据红色的深浅程度求出星系退行的速度（后退速度），最终人们计算出它的速度是每秒几十至几百公里。

⊙ 测量到天体距离的方法

随着天文学的发展，人们逐渐掌握了测量到天体距离的方法。人们在地球公转的半年期间不断改变观测近距离恒星的方向，利用"周年视差"来测量到近距离天体的距离。

测量较远的天体距离时用的则是HR图（赫罗图），它表明了恒星颜色和亮度间的关系。通过这个图观察星体的颜色，便可以知道恒星原本的亮度。它是距离恒星32.6光年时观察到的亮度，我们称为"**绝对等级**"。实际观测时，距离越远的行星越暗，但因为知道了"亮度与距离的平方成反比"，所以通过调查原始亮度和观测到的亮度之比就可以知道距离了。

对更远的天体，就要用到"造父变星"这种变星（亮度变化的行星），利用变光周期和亮度之间的关系。如果可以观测到变光周期，则可以根据观测到的亮度与原始亮度之比确定距离。目前，这种方式可以测量大约6000万光年的距离。

通过上述方式，有两位天文学家比较了到天体的距离和后退速度之间的数据关系，他们是美国的哈勃和比利时的勒梅特。虽然两个人各自分析数据，但是却获得了几乎相同的结果。尽管勒梅特提前两年对此进行了发表，但因

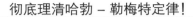

彻底理清哈勃 - 勒梅特定律！

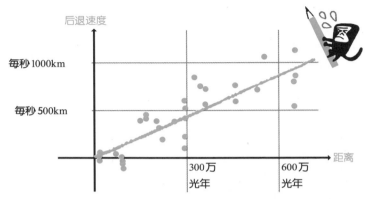

哈勃宣布的距离与后退速度的关系，基于 Proceedings of the National Academy of Sciences of the United States of America，Vol.15，Issue 3，pp.168-173 Figure 2 制作而成。

为是在比利时的一本小型科学期刊（并且是法语的）上发表的，所以当时并没有引起大家的注意。反而是哈勃在1929年发表的调查结果引起了当时的轰动。

两人同时得到"到天体的距离和天体的后退速度成正比"这一结论。例如，到天体的距离变为2倍时，后退速度也会增加一倍。人们称这种关系为"**哈勃–勒梅特定律**"。

🔍 宇宙的内在组成正在膨胀！

在哈勃等人的发现之前，1922年，苏联天体物理学家弗里德曼根据广义相对论一直在探讨"膨胀、收缩的宇宙"，简单来说就是有关"宇宙空间本身会随着时间的推移而变大（或变小）"的理论。不过，当时人们并未对此抱有过多的关注，因为人们普遍认为宇宙是永恒且不变（宇宙恒稳态理论）。广义相对论的创造者爱因斯坦也认为，"理论上也许是可能的，但现实并中不会发生"。

这时哈勃-勒梅特定律登场了。在弗里德曼提出的"膨胀的宇宙"理论框架中，可以很好理解其原理。

举个例子，请大家想象以下场景：在橡皮气球的表面（=宇宙）上以相等间隔作标记。当把气球吹鼓时，标记和标记之间的距离会扩大，不难想象当原始距离越远时，彼此远离的速度就会越快。这就是哈勃-勒梅特定律的基本理论。

让我们再仔细看下一页的图片。假设在气球的直线上等间隔（1km）分别建立A房子，B房子，C房子……（因为是用于宇宙的例子，所以请把它想象成是一个极大的气球）。虽然房子都是固定的，但是当气球膨胀时会变成什么样子呢？

如果假设一小时后，A房子和B房子之间的距离是2km，B房子和C房子间的距离也是2km的话，那么A房子和C房子之间的距离就是4km。从A房子来看，B房子移开的速度是时速1km，C房子移开的速度是时速2km。我们可以理解为"当距离变为2倍时，退行速度也变成2倍"。

把宇宙膨胀比喻为"气球"会很容易理解

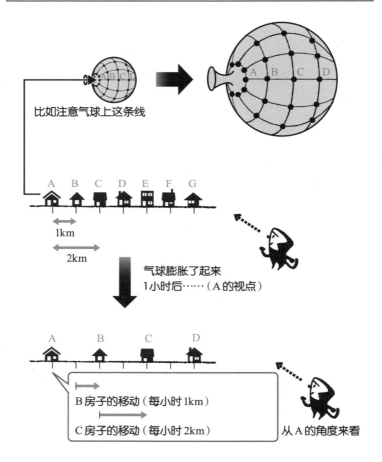

比如注意气球上这条线

1km

2km

气球膨胀了起来
1小时后……（A的视点）

B房子的移动（每小时1km）

C房子的移动（每小时2km）

从A的角度来看

以B房子为中心来看也会得到同样的结果，从B房子来说，C房子和A房子会以相同速度远离，而D房子会以2倍的速度远离。依此类推，宇宙不是"以某一点（地球等）为中心开始膨胀的"，而是整体均匀地膨胀，所以无论以哪里为中心来看，周围的事物都会以与距离成正比的速度远离。

"在理论上是可能的，但无法代表现实中宇宙的样子"的弗里德曼"膨胀宇宙"模型，就这样伴随哈勃-勒梅特定律的出现，一下子有了实现的可能性。

此外，最初人们以为星系比原始颜色更加红的现象是因为多普勒效应（光源在固定空间中远离导致的光的波长延伸的现象）。但是在现在，人们认为"光源是固定于空间中的，空间本身的延伸导致了光源的延伸"。这种现象不同于多普勒效应（从波长伸长率计算后退速度的方程也不同），正确来说应该称其为"**宇宙红移**"。

📍 宇宙大爆炸论

既然宇宙在不断膨胀，也就是说，过去的宇宙是非常小的，在小范围内堆积着现在存在的许多物质（如恒星和星系）。

我们基本可以认为：很久以前宇宙是被塞挤在一个点里的，宇宙就是从那里不断扩大……人们称这种宇宙观为"**宇宙大爆炸论**"。虽然本书对其不会作详细介绍，但宇宙大爆炸论现在已被广泛接受，当然，哈勃-勒梅特定律是支撑它的基本理论。

近年来，人们发现宇宙的膨胀速度不是一直保持不变的，而是从几十亿年前的减速膨胀变成了现在的加速膨胀。❶

我们尚不知晓宇宙膨胀加速的能量来源，但为了方便起见，人们称其为"暗能量"。虽说暗物质（第2章第7节）和普通物质的质量也可以换算成能量进行比较，不过那样估算的话，就会发现宇宙的68%是暗能量，27%是暗物质，仅剩余的5%是普通物质。尽管结果令人难以相信，但现阶段我们确实只能看到宇宙的5%。对于宇宙来说，人们只要稍微转换视角，说不定就会发现一个令人震惊的事实。我相信大家和我一样都会时刻关注最新的宇宙论和最新的观测结果吧！

---

❶ 2011年的诺贝尔物理学奖颁发给了通过远方超新星观测发现了"宇宙正在加速膨胀"的三位研究人员。

第3章

了解家用电器的"物理"构造

01 热力学第一定律

▶为什么空调可以使房间变凉爽?

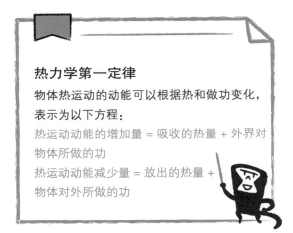

热力学第一定律

物体热运动的动能可以根据热和做功变化,
表示为以下方程:

热运动动能的增加量 = 吸收的热量 + 外界对
物体所做的功

热运动动能减少量 = 放出的热量 +
物体对外所做的功

在炎热的夏天,如果我们在房间里放一大块儿冰,
过一会儿我们会感到凉快。这说明冰块从空气中带走了
热量。

仔细思考下空调的原理,便会感到有些奇怪。因为
空调与冰相反,"热量是从凉爽的室内排到炎热的室外
的"。为什么会发生这种奇怪的事呢?

◉ 表示寒冷、温暖的"温度"是什么?

要想解决上述问题,我们首先需要思考到底什么是"温度"。任何物质都是由叫作"原子"的颗粒组成的。原子和原子的结合被称为"分子"(如氧气分子)。原子和分子不会只停留在一个地方。气体和液体会不停移动,而固体在振动。这种到处移动(或振动)的现象叫作"**热运动**"(第1章第6节也提到过)。

用来表示热运动"激烈程度"的数值就是"**温度**"。当然,"激烈程度"并不能充分表达其含义,所以我们用第2章第4节中介绍过的"动能(质量×速度的平方÷2)"来说明,可以理解为"**热运动的动能大=温度高**"。

◉ 热力学第一定律——水壶传递热量

那么,我们如何提高、降低物体的温度呢? 为了便于理解,我们以气体为例。

我们知道,只要增加气体分子热运动的动能便可以提高气体温度,所以要么①增加热量,要么②增加做功。

首先,①"给气体加热"。比如说,在室温为20℃

的房间里放一个盛有100℃热水的水壶，最终热水冷却的同时，室温也会有所上升。对上述的工作原理进行分析：100℃的水壶原子的热运动比20℃的空气分子的热运动更剧烈。因此，每当空气分子撞击水壶时，水壶原子的热运动势头都会减弱，而空气分子的热运动会变得剧烈。同理，当球B轻轻撞到了以极快的速度滚动着的球A时，球A的滚动势头会减弱，球B的速度会增加。

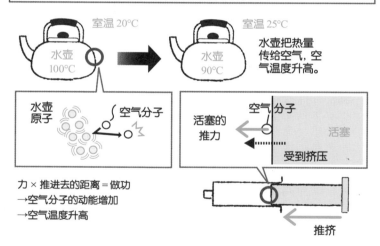

提高气体温度的两种方法

如此反复，水壶原子的热运动逐渐衰弱的同时，空气分子的热运动却逐渐活跃，因而空气温度随之升高。像这样，人们把原子、分子以接触传递热运动动能的现象称为"热传递"，所以我们可以把上述案例表述为"水壶的热量传递给了空气"。

当然，不是只有"高温物体→低温物体"之间才能通过接触传递热量。正如本小节开头论述的那样，也存在"热量从凉爽的室内转移到炎热的室外"这种看似不可思议的逆向移动，即热量转移从"低温物体→高温物体"。

让我们先把空调的谜题放在一边，先探讨一下②"做功"的事儿吧。

◎ 热力学第一定律——通过"做功"传递能量

这里的"做功"当然不是指"做工作"。物理学中的"做功"是指第2章第4节提到的"力 × 移动距离"的计算结果。

说起"向气体做功"，我们可以想象一下用手堵住注射器的口，然后向里按压活塞。注射器内的空气分子受到活塞的力，从而被挤压，我们可以说它是"在受力的同时移动（做功）"。由于空气分子的动能增加（也就是热运动变得剧烈），注射器中空气的温度便会上升。

科学实验仪器里的"压缩点火器"就是利用了上述原

理。这就如同下述现象：将纸巾（或是棉花）塞进一个像注射器一样的容器里，并使劲把活塞往里推，由于容器内空气温度一下子上升，纸巾会被点燃。本实验最想表达的是，即使不存在外界传递来的热量，只要对其做功，气体温度就会上升。

综上所述，如果想提高气体的温度，只要①加热，②做功，换句话说就是增加气体分子热运动的动能即可；相反，要想降低气体的温度，可以使气体接触低温物体以放出热量，或者使气体膨胀，向外做功。

增加热量 or 做功?

	热量	做功
提高气体温度	增加气体的热量 （使高温物体接触气体）	对气体做功 （压缩）
降低气体温度	让气体放出热量 （使气体与低温物体接触）	气体对外做功 （使之膨胀）

我们可以用公式来表达"**热力学第一定律**"。

热运动动能的增加 = 吸收的热量 + 对物体所做的功

热运动动能的减少 = 放出的热量 + 物体对外做的功

云的形成原理

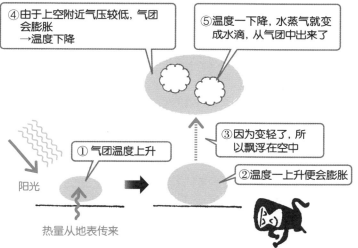

云的形成与热力学第一定律的关系

④由于上空附近气压较低，气团会膨胀
→温度下降

⑤温度一下降，水蒸气就变成水滴，从气团中出来了

①气团温度上升

③因为变轻了，所以飘浮在空中

②温度一上升便会膨胀

阳光

热量从地表传来

在我看来，"云的形成原理"可以说是应用热力学第一定律的典例。简单来说，当含有水蒸气的气团上升时，气团膨胀、温度下降并形成云层。接下来就让我们再详细了解一下吧。

首先，地表受到阳光照射而升温，地表附近空气的温度也随之上升。温度上升后，空气变轻，从而飘向上空（就像浴缸里的热水会集中在水面附近一样）。由于上空附近气压较低，压住上升空气团（称为气团）的力减弱，气团最终会膨胀。根据热力学第一定律，当气体膨胀时（只要不从旁边吸收热量），温度会下降，所以气团温度也会下降。

当气团温度下降时，空气中能容纳的水蒸气量减少，原有水蒸气（气态的水）便以水滴（液态的水）形式出现在空中。这些水滴的聚集物就是云。

📍 终于要挑战空调运行原理了！

现在让我们来看看空调是如何运作的吧。对空调来说，最关键是"制冷剂"。它是一种可以在气体和液体间变换的物质，因此，严格来说有一部分并不适用于热力学第一定律的公式，不过在这里我们就忽略掉细节，简单地理解下其原理。

看看空调概念图就会发现，制冷剂是在室内和室外之间来回移动的。从室外返回室内的制冷剂（这时是液体）会在空调的膨胀阀中突然被释放到压力较低的地方。处于低压处的液体具有易蒸发的性质，并且会从周围环境吸收热量。这和汗水蒸发时我们会觉得冷的现象是一样的，这种热量叫作**汽化热**。

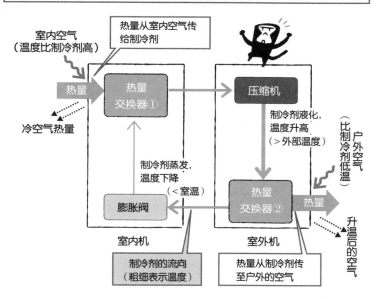

从低温到高温？ 空调的不可思议之处

在此过程中，冷却至室温以下的制冷剂会与室内空气接触。这样一来，热量就会从室内空气转移到制冷剂（"热量交换器①"）。这个现象只是热量沿着"温度较高处（室内）→温度较低处（制冷剂）"进行传递而已，并没有什么特别之处。

接着，制冷剂吸收热量，温度升高之后被运送至室外机，在那里进行压缩。由于气体在受到剧烈压缩时会变成液体。液化的同时，会向四周环境释放热量。这和刚才的情况正好相反。此时，释放的热量叫作为**"冷凝热"**，并且其热量与汽化热相同。就是说，汽化时吸收的热量在液化时又被释放。

这样一来，制冷剂在变成高温液体后接触室外空气（比制冷剂的温度低）时，热量从制冷剂传到室外空气（"热量交换器②"）。该现象中的热量沿着"温度较高处（制冷剂）→温度较低处（室内）"进行传递，同样没有什么特别之处。

接下来，制冷剂在温度稍微降低之后再次被转移到空调室内机上……空调就是这样反复重复上述各步骤。当然，尽管有点儿难以理解空调运作中的汽化和液化，但是我相信大家可以理解"使制冷剂膨胀以降低温度"和"压缩制冷剂来提高温度"这两点，其实就是热力学第一定律的延伸而已。

在从室内空气中吸收热量并将其排到室外空气的这一过程中，热量是从高温一侧传递到低温一侧的，但总体来说，空调的热量还是"从低温室内传递到高温室外"的，这正是空调的有趣之处。另外，把空调调到制热模式时，制冷剂会反向移动，从而成为将室外的热量运送到室内的模式。

总结来说，热力学第一定律的内容就是"物体吸收了热量，自身所有能量便会增加"，或者"物体对外做功，自身能量减少",其实这与减肥也有关系。比如说,该定律也可以解释为"我们如果摄入许多卡路里(热量)便会发胖(能量会堆积在体内)",或者"如果我们大量运动(做功)就会变瘦(体内能量减少)"。

当你和别人聊减肥的事情时,如果大刀阔斧论述到"根据热力学第一定律……"的话,估计别人会对你冷眼相看,场面一定会十分尴尬,所以还是不要这么做的好。

02 焦耳定律

▶ 笔记本电脑为什么会发热?

焦耳定律

当电流通过电阻时，电阻会发热，
其关系表示如下：
一定时间内产生的
热量 = 电阻 × （电流）^{2}。

　　当我们在手机上看视频时，手机会变得越来越热。同样，长时间把笔记本电脑放在膝盖上使用时，电脑的发烫程度有时候会令人难以忍受。我们在日常生活常常会遇到长时间使用电器导致电器发烫的情况。为什么会出现这种现象呢?

　　詹姆斯·焦耳的伟大发现

　　英国物理学家詹姆斯·焦耳通过缜密的实验解决了这一

问题，后人把他的名字用作热量和做功的单位"J"，由此可以看出，他曾留下了许多与热量有关的成就。

焦耳进行了详细的实验，并于1841年向世人公布了其论文成果。他曾论述道："当金属电阻中有电流通过时，在一定时间内产生的热量与电阻和电流的平方乘积成正比。"这句话用公式表达的话就是本节开头的内容。

此外，"**焦耳定律（也称焦耳第一定律）**"也可以通过电流和电压相关的"欧姆定律"做进一步扩展。欧姆定律的内容用公式表示的话是电阻两端的**电压＝电阻×电流**，如果把它适用在焦耳定律上的话，可以表述为：**在一定时间内产生的热量＝电压×电流**。因为用这个公式说明更方便（不需要知道电阻值也可以），所以接下来我们会用它来解释说明焦耳定律。顺便说一下，我们通常把因电流通过而产生的热量称作"**焦耳热**"。

⊙ 焦耳定律的含义

为什么上述公式是成立的呢？让我们试着去体会下其中的含义吧。"通电"是指电子在导线中移动的现象。举例来说的话，通电是"被电源抬到高处的电子慢慢滑向低

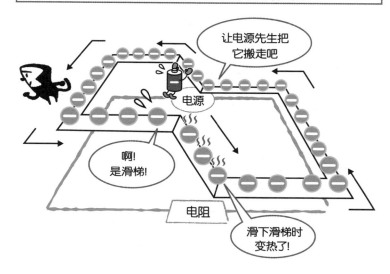

将以电源和电阻性电路比作滑梯的话

处❶，绕了一圈后又回到了原来的高度"， 那么"滑下来的那部分"相当于电阻。和从滑梯滑落时臀部会受摩擦变热一样，由于受到了类似摩擦的作用，当电子从电阻（滑梯）滑下来时，也会产生"热量"。这个热量就是"焦耳热"。

在这里，"滑梯高度"可以理解为我们常说的电压，"一定时间内通过的电子数量"则代表了电流。滑梯越高，产生的热量就越多，滑过的电子数量越多，热量也就越多。所以，我们可以想象到滑梯产生的热量与滑梯高

---

❶ 正如这里论述的一样，导线中电子携带能量的这种模型其实是有局限性的。由电源提供的能量最终转化为热量的这一点是没有任何争议的。

度、电子数量成正比。因此，我们有理由认为"热量=电压×电流"这一公式是成立的。

📍 产生热量的电器的广泛应用

由于任何电路多少都有电阻，所以电器在使用时会不可避免地产生焦耳热。手机和笔记本电脑都是很好的例子。

由于一些家用电器的主要目的是"加热"，如烤面包机、熨斗、电热毯和电热水壶等，这些产品会格外注重焦耳热的产出。

笔者看了看家里电热水壶的背面，写着"耗能1450W"。W代表"每秒的J"，也就是说，这个电热水壶"每秒消耗1450J的电能并将其转化为焦耳热"。

那么问题来了，"如果用这个电热水壶将一升水从20℃加热到100℃，会需要多长时间呢？"

可以概算一下：

（1）要使1g水的温度升高1℃，需要4.2J的热量（人们称其为水的"比热"）。

（2）1L水（1000cc）等于1000g，因此，1L水的温度升高1℃需要4.2×1000=4200，即4200J的热量。

（3）将温度从 20℃提高到100℃，即温度升高80℃，4200×80=336000，需要336000J的热量。

（4）由于此电水壶每秒产生1450J的能量，因此完成加热所需的时间为336000÷1450=231.7…，约232s，即需要花4min。

笔者实际试了一下，不止需要四分钟，花了快五分钟。大概因为一部分焦耳热会散到室内空气里吧。当然，作为概算，这个结果还是在合理范围内的。

⚲ 焦耳热的特别用途

接下来让我来介绍两个焦耳热的特别用途吧。其中一个就是"保险丝"，它是安装在微波炉或空调室外机、汽车电路上的一个金属小部件，在高温下会熔化。正常运行时与普通导线相同，但如果由于电路故障等原因有过大电流通过时，保险丝就会被产生的焦耳热熔化。保险丝一熔化，电路就会被切断，电流便不能通过了，这样一来，电路就得到了保护。

当然，由于电路被切断了，所以要重新使用电器就必须更换保险丝（虽然有些产品可以自己更换，但也有些产

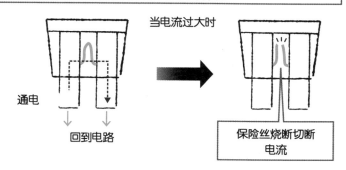

品在高压的情况下会很危险，需要送去专门维修）。

　　另一个则是白炽灯泡。白炽灯泡本来就是一种将电能转化为光的工具，可为什么会变得这么烫呢？大家不会觉得疑惑吗？实际上我们后续会介绍这么一个定律："物体会发出与温度相对应颜色的光"（普朗克定律：第3章第5节）。只有数千摄氏度的物体才能发出白炽灯泡那种颜色的光。因此，白炽灯泡的工作原理就是，灯泡里的灯丝先利用焦耳热加热至高温，然后再根据普朗克定律发光。

　　由于白炽灯泡的能效很差，又会产生大量的二氧化碳，日本政府于2008年开始呼吁停止生产白炽灯泡，现在各大厂家已停产。然而，与LED和荧光灯相比，白炽灯光更自然，所以目前为止，日本仍在生产拥有特殊用途的白炽灯泡。

焦耳定律本来是解释"电子从滑梯上滑下来,屁股发烫"这一生活常识的,当然,热量不仅仅只是用于"加热东西"的,不同领域和想法下的焦耳定律还有很多用途。

法拉第电磁感应定律

当贯穿某平面的磁通量（磁感线的数量）变化时，产生的电动势将沿该平面边缘分布。其大小等于每秒磁通量的变化量。

想象一下在寒冷的天气里，你从公司回到家中的场景。离开公司时会"滴"地刷一下员工卡。在地铁站也会"滴"地刷一下IC交通卡。回家后把关东煮放进锅里，然后移到IH❶电磁炉上煮。趁那段时间，把没电的手机放在无线充电器上充电。

这些再寻常不过的场景实际上都得益于"某个物理定律"，它就是法拉第的"**电磁感应定律**"。

---

❶ 详见后文解释。

磁通量变化时，会产生电动势

一提到"当磁铁靠近导线时就会有电流通过"时，大家有没有回忆起电磁感应定律呢？大家还记得在中小学做的磁铁实验吗？其实小时候玩儿的磁铁里藏有重要的物理知识。

首先让我们来定义一下什么是"穿透某平面的磁通量"。大家可以想象空气中有一个绕组（称作线圈），它旁边放着一根磁铁棒。其中磁铁棒的N极对周围环境的磁力以一种叫作"磁感线"的线来表示，越靠近磁铁（即磁力越强），磁感线就越密集。这时候，这个"通过线圈的磁感线的数量"就是"穿过线圈的磁通量"。

当磁通量发生变化时，沿着线圈将产生一种"产生电流的力"。我们把这个力叫作"**感应电动势**"，把受感应电动势作用而产生的电流叫作"**感应电流**"。

电磁感应定律的内容可以理解为："感应功率的大小等于磁通量每秒的变化量。"感应功率的单位为"V"。从与电池电压单位相同这一点也可以看出，电磁感应定律其实就是想告诉我们："如果线圈中磁通量发生变化，那么可类似为电池将沿线圈运作❶。"

---

❶ 即使没有线圈，也会发生这种"电池沿线圈运作"的现象。即第4章第1节（第145页）的公式③中介绍的"磁场变化时会在其四周出现电场"。

因此，0.5s内磁通量（线圈中磁感线的数量）在增加2根的情况下，由于每秒磁通量的变化量为4根，所以"会产生4V的感应电动势"。无论移动磁铁，靠近线圈，还是移动线圈靠近磁铁，都会得到相同的结果。

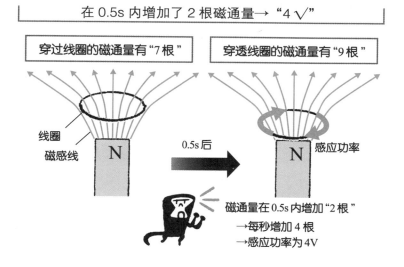

在 0.5s 内增加了 2 根磁通量→ "4 √"

穿过线圈的磁通量有"7根"　　穿透线圈的磁通量有"9根"

线圈
磁感线

0.5s后

感应功率

磁通量在0.5s内增加"2根"
→每秒增加4根
→感应功率为4V

📍 **非接触式IC卡的工作原理**

我们在站台检票口或公司门口所刷的卡统称"非接触式IC卡"，其实这种卡的内部有许多地方都利用了电磁感应定律。

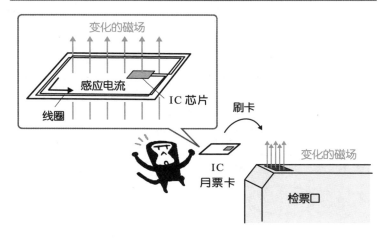

利用了电磁感应的非接触式 IC 芯片

我们可以把这种卡的内部结构大致概括为"与线圈相连的IC芯片"。简而言之，IC芯片就是一个"用来进行复杂计算的电路"。如果没有电流通过就无法发挥它的功能。不过这种卡是没有电池的，那么有人会有疑惑：没有电池的话怎么让IC芯片工作呢？其实这里发挥作用的是刷卡用的"读卡器/读写器"（以下称为读卡器）。读卡器总在规律性地散发着磁场。将卡靠近读卡器时，穿透卡内线圈的磁通量值会有规律地波动，于是线圈中产生了感应电能，从而有感应电流通过。就这样，IC芯片就会有电流通过，从而执行精确的计算（如从余额中扣除费用）。

阅读到此处，我相信各位读者已经察觉到：如果磁感线不通过线圈就不会发生电磁感应，所以卡面必须与读卡器保持平行。

📍 IH电磁炉和无线充电

根据"焦耳定律"，将感应电动势产生的感应电流转换为热量（焦耳热）的话，就可以用来加热饭菜了。IH电磁炉正是通过这种方式产生热量的。

我想很多人都知道，IH电磁炉的温度无法变得特别高，其原因就在于IH电磁炉本身不产生焦耳热，焦耳热是从锅底产生的。

IH电磁炉散发的磁场如图所示，这个磁场会规律地波动。这么来看，确实有点像非接触式IC卡读卡器。将金属锅放在电磁炉上时，穿过锅底的磁通量值会规则波动，锅底会产生感应电动势，从而会有感应电通过锅底，这与非接触式IC卡的原理是相同的。流经锅底的电流被转化为焦耳热，锅就会变得越来越热。顺带一提，IH是"induction heating"的缩写，"induction"表示"感应"。也就是说，IH电磁炉就是"通过电磁感应来加热的厨具"的意思。

IH 电磁炉的工作原理与非接触式 IC 芯片极其相似

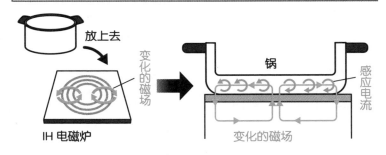

放上去

变化的磁场

IH 电磁炉

锅

感应电流

变化的磁场

那么同理，不将感应电转换为热量，而是储存在电池中的话会怎么样呢？ 答案就是可以用其来充电，这就是智能手机等进行无线充电的工作原理。

像这样，给线圈（或锅底）添加变动磁场，将产生的感应电用于计算的话就是非接触式IC卡，转换为焦耳热的话就是IH电磁炉，储存在电池里的话就是无线充电器。

这样看来，我们身边许多便利的工具都利用了电磁感应原理，家用电器的发电方式其实也利用了电磁感应。今后当我们觉得"这个会不会也用到电磁感应原理"的时候，不妨查一查，说不定会有意想不到的发现呢。

04 居里温度

▶电饭锅煮饭的原理

> **居里温度**
>
> 当铁磁性物质超过某个温度时，铁磁性物
> 质会变为顺磁性物质。这个
> 温度叫作居里温度。

在硬盘、电机、冰箱、微波炉等现代的电器中，磁铁是不可或缺的。说到磁铁的作用，当然会想到吸引铁等材料。但是世界上还有一些工具的工作原理较为特殊，当"它们不再被磁铁吸引时反而开始工作"。

为了方便理解，让我来介绍一下电饭锅的工作原理吧。电饭锅的锅底有一种叫作"铁氧体"的物质，它主要由氧化铁组成。这种物质与铁一样，具有吸住磁铁的性质。在煮饭时，磁铁会被吸附在铁氧体上，但饭煮好之后，铁氧体与磁铁相吸的性质消失，磁铁就会脱落。磁铁分开的时候就表示饭已经煮好了。为什么铁氧体会离开磁铁呢?

📍 物质的三个"磁性"

形成物质的一个个原子可以说是像方位磁针一样的东西,具有小磁铁的性质,人们称其为"**原子磁矩**"。由于原子会根据温度进行随机的热运动(第1章第6节),因此,原子磁矩的方向一般是随机的。但是一旦有磁体从旁边靠近它时,原子磁矩的方向就会迅速对齐,当然也有例外的情况。磁体从旁边靠近时,原子磁矩的反应模式主要有三种:"顺磁性""铁磁性"和"反磁性"。

"**顺磁性**"就是指磁体从旁边靠近时,该磁体和原子磁矩发出的磁感线方向基本一致的性质。金属中的铝和锰都具有这种性质,它们也被称为"顺磁体"。由于靠近的磁体和原子磁矩的方向是大致对齐的,所以顺磁体会稍稍吸附在磁铁上。只不过这个力非常弱,所以我们一般不说顺磁体"吸附在磁铁上"。你非常小心地进行实验,就可以观察到磁铁吸引一枚铝制一日元硬币的样子,但它绝对

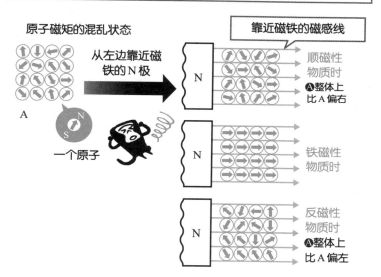

顺磁性、铁磁性和反磁性之间的差异

不会紧紧吸附在磁铁上的。

"**铁磁性**"是指原子磁矩与从旁边靠近的磁铁的磁感线方向相同的性质。铁、钴、镍、铁氧体等就具有这种性质，人们称其为"铁磁性物质"。当原子磁矩对齐时，铁磁性物质就像一块强力磁铁，会被吸附到靠近的磁铁上。铁等物质会吸附在磁铁上就是依据这个原理。

并且，如果靠近铁磁性物质的磁铁磁性足够强，那么即使拿走磁铁，原子磁矩的排列状态也会保持下去。这样的铁磁性物质叫作"永磁体"。这种磁铁在百元店等地方很容易买到。

"**反磁性**"与顺磁性不同，原子磁矩和旁边靠近的磁铁的磁感线方向相反。铜、银、金、水、石墨等物质具有这种性质。这种物质（反磁性物质）受到磁铁较弱的排斥力。由于这种排斥力很弱，我们在日常生活中很少注意到。

📍 铁磁性物质在高温时性质会发生变化

铁磁性物质的温度一旦上升，原子的热运动会变得剧烈。由于热运动是没有特定方向的随机运动，温度一旦上升，磁铁从一旁接近时，原子磁矩就很难保持整齐的排列状态。因此，当超过一定温度时，即使磁铁靠近，原子磁矩也不会排列整齐，其性质也变为顺磁性。我们称这个温度为"**居里温度**（或居里点）"。

不同物质的居里温度不同，例如，铁的居里温度约为770℃，镍约为350℃。因此，假如用煤气枪将吸附在磁铁上的铁夹加热到 770℃的话，夹子（铁）将变为顺磁性物质，不再吸附在磁铁上。一旦停止加热，夹子的温度降到居里温度以下时，它就又会变回铁磁性物质，重新吸附在磁铁上。

如果要尝试该实验，请尽量不要加热磁铁。因为一旦超过了磁铁本身材质的居里温度，磁铁就会成为顺磁性材料而失去磁力[1]。

📍 电饭锅停止加热的原因

如上述介绍的那样，一部分电饭锅的锅底装有铁氧体，连接开关的磁铁会吸附在它的上面（如下页图所示）。由于煮饭时锅里有水，所以锅的温度最高只能达到100℃。然而，开始煮饭后水分逐渐减少，锅的温度会上升到100℃以上，因此，我们需要看着时间关掉加热开关。

这时，铁氧体的居里温度就派上用场了。由于铁氧体可以根据材料配置调整整体居里温度的数值，我们认为是铁氧体调整了居里温度以使铁氧体失去铁磁性。当锅底温度达到设定值时，铁氧体会失去铁磁性，磁铁受到弹簧的力而分开，就这样关闭了加热开关[2]。

---

[1] 当磁铁降温至居里温度以下时，由于原子磁铁的方向已被打乱，虽然"铁磁性"会得到恢复，但磁力不会。为了恢复失去的磁力，我们需要使用其他的磁铁来给它加磁。

[2] 磁铁的居里温度比铁氧体的居里温度高得多。这样一来，即使温度高于铁氧体的居里温度，也不会达到磁铁的居里温度，因此磁铁不会失去磁力。

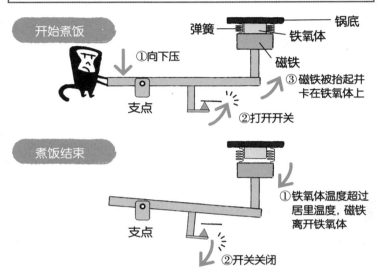

电饭锅正是巧妙运用了磁铁的居里温度差

这种，利用"失去铁磁性来发挥功能"的想法是非常独特的。

05 普朗克定律

▶ 如果可以通过颜色推测出温度，那么遥远恒星的温度也能测出来！

普朗克定律

对所有光不反射而是吸收的物体（黑体）会根据温度发射电磁波。温度越高，光谱的峰值波长越短，强度越大。

当我们调整液晶显示器或投影仪的色调时，偶尔会出现"色温"这个项目。但众所周知，颜色是没有温度的，那么，这是怎么回事呢？其实这里也蕴含着一个物理定律。

◉ 颜色会依温度而变化

世上所有事物都有各自的颜色。我们常常认为颜色是一成不变的，但炼钢厂的人以前就知道颜色是会依温度而

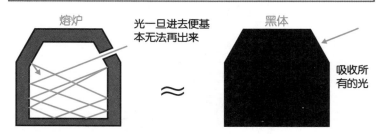

表明熔炉和黑体几乎相同的概念图

变化的。把铁矿石放在熔炉中加热熔化，温度较低时，铁矿石呈现红色，但随着温度的升高，其颜色会一点点变黄。尽管以前人们不太明白温度和颜色的关系，但据说工匠们会通过从熔炉的小窥视窗中透出来的光来判断温度。

不过这种方法还是不太方便，所以许多科学家都对这个问题进行了研究。为了弄明白温度和颜色的关系，他们对最初没有颜色的物体，即全黑的物体发出的光进行了研究。可能会有人说："明明是'全'黑还会发出光吗？"但黑色只是意味着"不反射从周围照射过来的光"，完全有可能在温度上升时发出某种光（就像熔化铁时发生的颜色变化）。

吸收所有光照的这个"全黑色物体"在专业术语中被称为"**黑体**"（虽然在现实中恐怕不存在完全的黑体，不过木炭等材料的性质较接近黑体）。

此外，黑体发出的光叫作"**黑体辐射**"。就像熔炉那样，比起自身巨大的体积，如果表面仅仅有很小的孔的话，即使光可以穿过小孔也几乎无法透到外边。因此，基本可以把熔炉视为黑体❶。因此，黑体辐射的研究结果可以直接应用于熔炉的光。

🔍 普朗克定律完美再现了实验结果

为了完美再现黑体辐射光谱（不同波长的辐射能）的测量结果，曾有人建议使用"维也纳定律"和"瑞利·金斯定律"，不过上述两者都只能再现窄波长内的实验结果。

最终，德国物理学家马克斯·普朗克于1900年发现的"普朗克定律"完美地再现了实验结果。由于用公式表示的话有点复杂，我们就用图表大致感受一下吧。

如下一页的图所示，光谱的形状因温度而异。它主要有两个特征：一是当温度升高时，光谱的峰值（放出最大辐射能时对应的波长分段）会向波长较短的一侧偏移，这很好地体现了熔炉的特征（温度较低时呈现波长较长的红

---

❶ 填满带小孔的容器（如熔炉）的光，在专业术语中称为"空腔辐射"，和黑体辐射的意思大致相同。

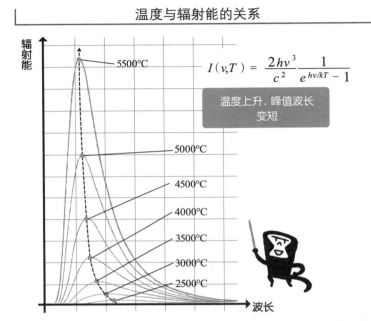

温度与辐射能的关系

色较多，温度一旦上升，颜色就变为波长较短的黄色）。

二是随着温度升高，辐射能会增大。

⊙ 通过光的颜色判断温度大小

在现实世界里，虽然完美的黑体是不存在的，但是可以反射所有光的物体也是不存在的。也就是说，每一个物体都或多或少拥有黑体的性质。这样一想，测定物体发出的光的颜色就能在一定程度上推断出物体的温度。这与根据熔炉内透出光的颜色来推断温度是一样的。

例如，我们可以认为太阳等恒星是一个黑体。所以，通过星星的颜色（具体说就是星光的光谱）就可以知道其"表面温度"。像猎户座 α 星那种红色恒星的温度较低（为2000~3000℃），像太阳那样的黄色恒星属于中等温度（约为6000℃），猎户座 β 星那样的蓝色恒星温度就会更高（约为10000℃）。白炽灯灯丝发出的光也是如此（第3章第2节）。

又如，到了1000万℃左右的高温的话，黑体辐射光谱的峰值对应波长会比可见光短得多（可见光和X射线都是名叫"电磁波"的一种波：第1章第1节）。

大家熟知的"液晶监视器的色温"则与此相反，它是为了确定监视器的色调才去设置温度值的。通过设置不同的温度来改变黑体辐射发出的光的色调，图像得以显示在监视器上。因此，提高色温时屏幕变蓝，降低色温时屏幕变红。

📍 红外热成像的工作原理

利用黑体辐射"温度越高，亮度越亮"的性质，我们便可从亮度（自己看到的一定面积的亮度）得知温度。

红外热成像正是利用了上述原理。电视节目中偶尔也会介绍热像仪，把热像仪对着人体时会显示出不同颜色，温度高的地方呈红色，温度低的地方呈蓝色。

当然，人体是不会发出红光或蓝光的。一般来说，人的体表温度约为35℃，黑体辐射光谱的峰值对应波长在这个温度时比可见光长，会到达红外线附近（可见光和红外线都是"电磁波"的一种）。

总体来说，人体主要放射红外线。红外热成像通过测量红外线强度，再根据亮度确定温度，并在屏幕上显示颜色。

综上所述，物体会根据温度的不同放射出不同颜色的光（电磁波）。在日常生活中，普朗克定律是很常见的。不过普朗克本人似乎没有意识到，其实这个定律拉开了日后"量子力学"的帷幕。

隧道效应

电子等粒子具有波的性质。即使不具备完全穿越障碍物的能量，也会有电子渗透在障碍物外壁，或者电子完全穿越障碍物的现象。

　　为了便于日常数据交换，SD卡经常用作U盘、数码相机和智能手机的存储介质。在这个常见的卡片中存在着一个不可思议的"量子力学世界"，人们称其为"隧道效应"。那么这到底是怎么回事呢？

 电子既是粒子也是波？

　　U盘和SD卡统称为"闪存"。闪存中起关键作用的是电子。首先让我们仔细讲讲电子的两面性吧。我们可以试着用量子力学的原理来解释上述案例。

首先，我想很少有人对"电子是粒子"这一点提出质疑。在中学学习时，我们都学过"电子是带负电的轻粒子"。但是其实也有很多实验结果都证明过"电子具有波的性质"。如下页图所示的"双缝实验"就是其中一个著名实验。

在发射电子的"电子枪"前放一个墙面，墙面上带有两个稍微分开的缝隙（双缝），再在它之前放一个屏幕。实验中，当电子击中屏幕时，会留下一个小"痕迹"。

那么，当许多个电子发射到双缝时，屏幕上会是什么样子呢？一般认为电子的命中点集中在缝隙背面的两个位置，并且会形成与缝隙形状相同的图案。但是实际结果并非如此，而是在缝隙之间被击中的电子最多，并且那里会形成许多等间距的条纹图案。

同样，当激光照到双缝时也会得到条纹状图案。这种现象可以理解为：透过左侧缝隙的光和透过右侧缝隙的光重叠，光波加强的地方变亮，光波减弱的地方变暗（这就是第1章第1节里说的"光干扰"）。

电子和光都得到了相同图案，这是否就意味着"电子是一种波"呢？当然有人会认为"带负电的电子在飞行中

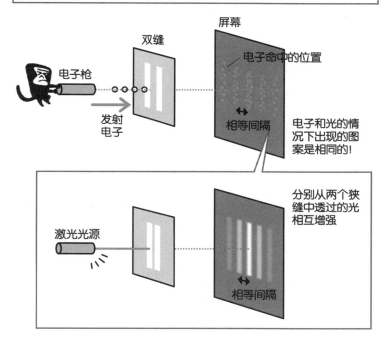

双缝实验

电子枪

发射电子

双缝

屏幕

电子命中的位置

相等间隔

电子和光的情况下出现的图案是相同的!

激光光源

分别从两个狭缝中透过的光相互增强

相等间隔

互相排斥，偶然形成了这种图案"。很显然，上述疑问很正常，不过当我们"把电子一个个发射出去，击中屏幕后发射下一个电子"时，最后得到了相同结果。因此，我们可以认为："即使只有1个电子，也具备波的特性。"

这种"电子波"具有"振幅越大，电子的存在概率越高"的性质。在之前的双缝实验中，因为电子存在于波相互加强之处的可能性较高，所以透过两个缝隙的"电子波"相互增强（波峰重叠，振幅增加）之处，有较多电子命中。当然，电子之外的粒子（质子、中子等）也具有波的性质❶。

⑨ 电子连较高的障碍也能越过！

由于波的上述性质，电子"越过了较高且本无法越过的障碍物"。如图所示，通常，电子波这种物质会因为能量不足而只能到达A～B处的，不过偶尔有的电子波也会穿过障碍物。这样一来，有的电子就会突然闪现在障碍物的另一边（C）。这种现象就叫作"隧道效应"。

电子穿越障碍物"隧道效应"

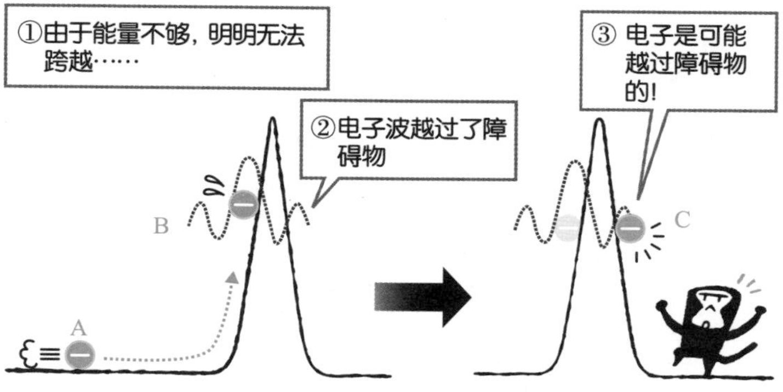

①由于能量不够，明明无法跨越……

②电子波越过了障碍物

③电子是可能越过障碍物的！

B

A

C

---

❶ 虽然电子波可以在空间里自由延展，可一旦进行了类似碰撞屏幕的实验后，我们观察到电子存在的位置只集中在一点上，这是因为在波振幅较大的位置能观察到电子的可能性较大。

闪存中也会发生同样的情况。闪存中有一个用于保存数据的部分，人们称其为"浮动闸门"，它位于半导体基板上，被绝缘体包裹着，用于控制施加在"控制闸门"上的电压。

电路板内的电子通常无法越过此绝缘体。但是，如果对它上面的控制闸门施加较高的正电压，就会发生隧道效应，电子会进入浮动闸门。然后，电压一旦被切断，电子就不能离开浮动闸门了，因而信息处于保留状态。如果想

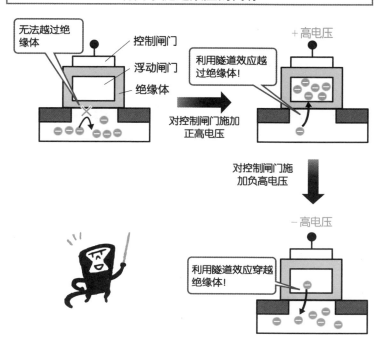

利用了隧道效应的闪存

要让电子出去，对控制门施加较高负电压，再次利用隧道效应就可以了。

通常，我们用"0"表示浮动闸门中有电子存在的状态，用"1"表示电子不存在的状态，从而来记录信息。这样，我们就可以做到通过施加电压来控制浮动闸门中的电子，进而写入和删除信息。此外，当电压被切断时，电子会留在原位，因此信息是保持不变的。闪存作为存储介质就是这样发挥作用的。

说起量子力学，我们往往觉得它与日常生活无关，可就像闪存、IC芯片等，量子力学其实就活跃在众多半导体回路的电器之中。

第4章

支撑我们日常基础设施的"物理"

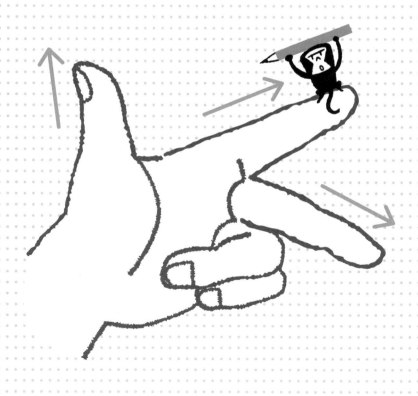

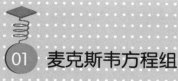

> **麦克斯韦方程组**
> 关于电场与磁场的性质，可以归纳总结为以下 4 个方程组表示：①电场的发散；②磁场的发散；③电场的转动；④磁场的转动。

　　手机、电视、收音机等都是通过接收基地塔台发射的信号来进行通话以及视讯服务的。其他像空调、车库门的开闭，以及如今的全自动化马桶也实现了无线操控。这些日常的无线通信技术又是怎样做到的呢？让我们从它的原理开始了解。

四个基础方程式

　　无论是电波还是红外线，他们都是"电磁波"这个大

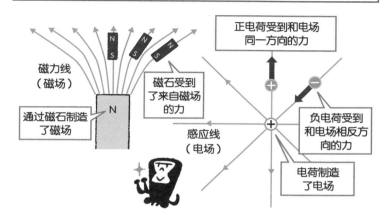

什么是电场、磁场？

磁力线（磁场）

通过磁石制造了磁场

磁石受到了来自磁场的力

感应线（电场）

正电荷受到和电场同一方向的力

负电荷受到和电场相反方向的力

电荷制造了电场

家庭中的一员，都是通过电场和磁场的震动进行传播的波。

磁场[1]，简单来说就是磁力线。而**电场**则是磁场的电气模式，通过感应线来表达。感应线的方向根据电场中电荷受力的不同可以分为正向感应和逆向感应两种。

本章的主角**麦克斯韦方程组**就是决定电场与磁场性质关键的四个方程式。这个方程组用相当困难的符号写成，但如果仅仅因为艰深便放弃介绍就显得很奇怪，所以接下来笔者会进行说明。

E代表电场强度、B代表磁场的强弱。ε_0代表**真空介电常量**、μ_0代表**真空导磁率**。

---

[1] "磁场=磁力线"是相对较为通俗易懂的表现。初学阶段正确来说，"磁场"就是用磁力线来表示"移动磁铁的力量大小以及方向"。

麦克斯韦的四个方程组

① $\mathrm{div}\,E = \dfrac{\rho}{\varepsilon_0}$　　　　② $\mathrm{div}\,B = 0$

③ $\mathrm{rot}\,E = -\dfrac{\partial B}{\partial t}$　　　　④ $\mathrm{rot}\,B = \mu_0\varepsilon_0\dfrac{\partial E}{\partial t} + \mu_0 j$

在①②中出现的div（divergency）表示的是发散。

例如，方程式①描述的是"电场的发散"（$\mathrm{div}E$）与ρ（电荷分布密度）之间的关系。电场通过感应线呈放射状（如图所示）向外发散。

方程式②是有关磁场的定律。通过"磁场的发散"（$\mathrm{div}B$），我们了解到磁场是一个无源场。为什么说是无源？这是因为磁单极子并不存在，磁通量等于零。简而言之，我们不能只取出磁石的S极或者N极。这个方程式为我们说明：磁石一定是一面是N极而另一面是S极，只有N极或是只有S极的磁石是不存在的。

顺便说一下，这并不是说明不存在绝对N极或是绝对S极的粒子，只是至今还没有人发现而已。这种粒子被称为"磁单极子"，某些物理学理论预想其存在。因此，方程式②表述了一种"尚未被发现"的经验规则。

方程式③④中出现的rot（rotation）记号表示旋度。它可以描述围绕磁感线一周的状态。$\partial\bullet/\partial t$是"$\bullet$的时间变化

用图片解释 4 个方程组的具体含义

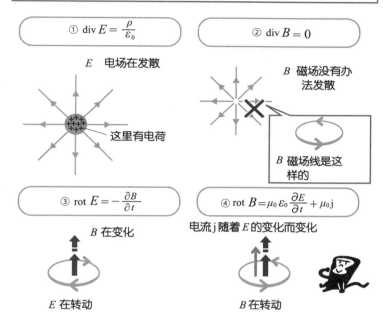

率"的表示形式。

由此，方程式③表示电场的旋度等同于磁场（B）的时间变化率。同之前一样，负号在此依旧表示方向，并不是需要特殊注意的地方。

方程式④相对复杂，它表示磁场转动的强弱（$\text{rot}B$）一部分由电场的时间变化率所决定，另一部分则由电流（j）所决定。

让我们回到上一张图，方程式③实际上是法拉第电磁感应定律的表现形式（同122页的图相似）。随着磁场的变化会产生电场，电场中电子的运动则会感应出电流。我们日常生活中使用的IC卡便是运用了此原理。

📍 预言电磁波可以在空间中传播

最初，方程式④中并没有加入（$\partial E/\partial t$）这个项目。也就是说，随着电流（j）流经、转动产生了磁场（$\text{rot}B$），这同我们在中学时学习的右手定则的内容别无二致。但是，麦克斯韦却依据他物理学方面的构想，提出了（$\partial E/\partial t$）项存在的可能性。同时，他还给出了有关电磁波存在的预言。

因为，方程式③中表明随着磁场的变化会形成转动的电场，方程式④中又表明随着电场的变化，磁场也会随之转动。也就是说，方程式③与方程式④是互为关联的。随着"磁场的变化→产生电场（产生变化）→形成磁场"，我们可以预想到这一系列运动的连锁反应。也就是说，"变动中的电场和磁场在同一空间中传播"，而这就是**"电磁波"**。

通过麦克斯韦的预言，电子运动形成的电场在大气中传播，引发附属区域的电子运动。并且，由于磁场也具有传播能力，附属区域会产生电磁感应，这也是由于电子运动产生的。

这个构想也由德国的物理学家赫兹付诸科学实验。他在距今134年前的1887年，通过自己设计的一套电磁波发生器，使其成功感应。

赫兹在自己发现电磁波的时候谦虚地表示"这个实验只是单纯依托于麦克斯韦先生的正确理论"，对于"从这个发现中我们能得到什么呢"这样的提问，他回答道"我觉得什么都没有"。也就是说，即便存在科学意义，但对于如何应用到现实生活中，人们依旧毫无头绪。

仅仅在发现电磁波的7年后，年仅36岁的赫兹便离开了这个世界。如果赫兹能够更加长寿，能够亲眼看到20世纪初诞生的无线电广播、电视信号转播的繁荣，想必也会惊讶于电磁波的威力吧！

弗莱明的左手定律

在磁场中流动的电流受力，其方向如下图所示。首先将左手的中指，食指以及大拇指彼此成直角状展开，中指的方向表示电流，食指的方向表示磁场，大拇指的方向就是受力方向。

力　磁场　电流

我们已经习惯了与电朝夕相处的生活，仿佛陷入了一按下开关便什么都可以运转的怪圈。因此，就像我们认为电车车轮转动是由于有电流通过，这是无可厚非的事情，但这件事本身却是不可思议的。为什么通过"电流的流动"就能造成"物体的移动"呢？

📍 电流接受了来自磁场的力

在中学你们进行过这样的物理实验吗？"导线从磁石的N极和S极中间穿过，当有电流通过时，导线就会突然动一下"。这是电流的流动转换成了导线运动的典型案例。让我们一起复习一下它的构造吧！

如下图（a）所示，向上运动的磁力线（磁场）与横向导线中的电流运动在某一点接触。导线在电流同磁场的正交方向感受到力。

比起文字说明，看图或许更容易领悟。首先，像一个

让我们用图来解释一下四个方程式的意义

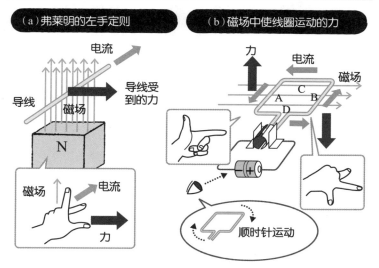

（a）弗莱明的左手定则

（b）磁场中使线圈运动的力

说唱歌手发出yo-yo歌声时一样伸出左手。这时，中指代表
了电流方向，食指代表了磁场的方向，大拇指所指的就是
导线的受力方向。

就像这样将电流、磁场、受力方向的三者关系称为
"**弗莱明左手定律**"。使用时此定律时，记住从中指开始
分别代表"电、磁、力"，可能会更容易记忆。

直线状的导线，如果弯折成图（b）的形状，就成了线
圈，将这个线圈置于磁场中试试看吧！观察图（b）（这回
磁场是横向的）可以发现，线圈的四边中，A和B两个边受

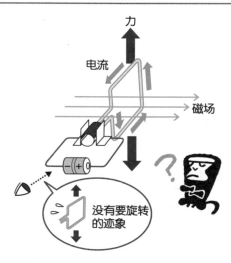

没有旋转

到的力是等大反方向❶的，因为两个力并不在同一条作用线上，因此产生了线圈旋转的效果。另外，线圈不一定是多次旋转的，像图中这只旋转一次的也叫线圈。

⊙ 发动机持续转动的原理

想必大家已经明白了，磁场中的线圈因为有电流通过，两边产生了力，从而形成了旋转效果。但是如果持续这种状态，当线圈转动至与两个力的作用线在同一平面时，便没有办法进行持续旋转（如上页图所示）。在这里，我们可以多用一些方法，使线圈持续旋转。而这个助我们成功的道具，便是发电机。

成功的关键是，当线圈转动一半时，将线圈内电流的流向反转。如下图所示，如果有整流子这种半月状的装置在就可以完成（为了方便说明，分别将零件涂成了黑色和白色以便区分）。

首先，①在开始之时，电流是以整流子的白色部件开

---

❶ 通常我们将大小相同但方向相反，且不在一条作用线上的两个力称为"力偶"。由于力偶的合力为零，所以不能让物体加速运动，但是却可以使物体发生旋转。

始到线圈B→C→A的过程，最后到达黑色部件。这个过程简单说，可以表现为从白至黑。电流由白至黑流动，线圈整体受到了顺时针方向转动的力。

当线圈转动约90°时，如图②所示，电流的方向依然是由白至黑。与此同时，线圈的受力状况也没有发生转变，线圈的转动方向依旧是顺时针方向旋转。

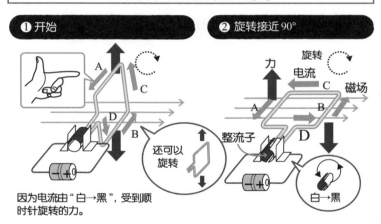

发动机不断旋转的原理①②

而当线圈恰巧转动至90°的瞬间，如图③所示，电流瞬间停止流动。但是，线圈受到惯性影响依旧会进行运动，使其转动超过90°。

线圈超过90°的运动状态，则如图④所示，整流子和电池的接点相互转换，线圈中电流的流动方向也反转为由黑至白。所以，线圈的A边由一直承受的向上的力转变为向下的力。同样，一直承受向下的力的B便转变为了向上的力，线圈的受力方向正巧完全转变，所以依旧维持着顺时针的转动方向。

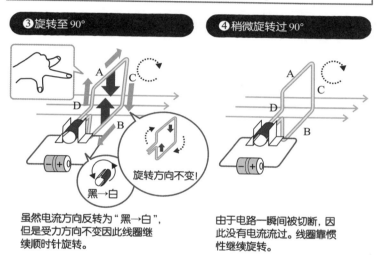

发动机不断旋转的原理③④

❸旋转至90°

❹稍微旋转过90°

A　C
D　B
黑→白
旋转方向不变！

虽然电流方向反转为"黑→白"，但是受力方向不变因此线圈继续顺时针旋转。

由于电路一瞬间被切断，因此没有电流流过。线圈靠惯性继续旋转。

　　这就是整流子的工作方式。线圈由于的经过电流发生瞬时反转，致使线圈成功维持了转动。

　　接下来我们重复操作同样的动作，转动180°的状态和转动270°的状态如图⑤、⑥所示。从90°~270°之间，电流虽然是从黑至白流动，一旦超过270°，便会重新回到由白至黑流动。

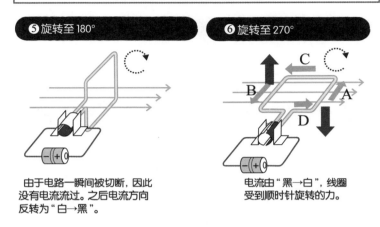

发动机不断旋转的原理⑤⑥

❺ 旋转至180°

由于电路一瞬间被切断，因此没有电流流过。之后电流方向反转为"白→黑"。

❻ 旋转至270°

电流由"黑→白"，线圈受到顺时针旋转的力。

上述运动反复进行，从而使线圈持续旋转。

⊙ 电动机、发电机以及各种应用

在我们身边经常可以看到，"电流使物体运动"的各种各样的例子。就拿家中各种各样的家电来说，其中有电风扇、洗衣机、CD播放机这种可以明显看到转动的物品，也有像卫洗丽❶这种难以看出如何转动的物品。

---

❶ 卫洗丽是由TOTO发明的智能马桶盖，集暖风干燥、温水洗净、烘干、抑菌功能于一体的现代产品。

走出家门，我们可以看到汽车的马达、火车的车轮、自动门这些同样装有各种各样电动机的装置。电动机的实用化发展，凝聚了创意，形成了多种多样的类型。但究其根本，是"磁场中电流受力"这一性质的活用。

另外，电动机不连接电源进行转动，便是我们说的发电机了。这是因为，线圈受外力在磁场中转动是由于贯穿线圈的磁束在不停变化，根据电磁感应原理，这样会感应出电动势和电流。手摇发电机便是利用了这个原理。

原子能级

原子中"携带电子能量的值"称为能级，原子的种类也由此区分。电子呈现不同的能量状态往返时，能量便以电磁波的形式增减。

　　在夜晚的街道我们经常可以看到的霓虹灯以及家中的荧光灯都是运用同一原理进行发光的。原子本身具有固定的颜色，这是由"电磁波的波长"决定的。可视光线中波长越长颜色越红，波长越短则呈现为蓝色。换句话说，每种类型的原子都会发出特定波长的电磁波。而这又是什么原理呢?

📍 原子所拥有的能量值是非自由的

你知道吗? 在原子中, 原子核周围有着绕核运动的电子, 电子的移动速度和距原子核的距离决定了原子的能量值。

实际上, 原子的能量值并不是自由的。这个理论过于艰深, 在这里我们不便赘述, 只是简单说明这是通过量子力学中薛定谔方程推导出来的。由此可知, 电子位于原子之中, 在多条固定轨道以特定速度进行运动。如图所示, 详细说明了电子绕核运动的轨迹以及能量分布情况。

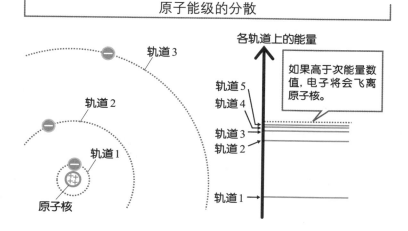

原子能级的分散

通常, 这里的能量并不是指"电子所携带的能量", 而是"原子所携带的能量"。我们称原子能够携带的能量值为"**原子能级**"。

首先我们要知道，原子能级是不连续的呈现分散状态的。其次，根据原子种类的不同原子能级也会随之变化。

⊙ 电子自下而上的轨道与自上而下的轨道

电子根据所在轨道的不同，决定了能量的不同。例如，电子如果想要移动到上面的轨道（外侧轨道），则需要注入不足的能量。并且，如果注入的能量值过于庞大，电子则脱离原子核向外运动。注入能量有以下两种方法。

（1）利用光（电磁波）的照射。

（2）利用电子或其他粒子从外部撞击。

电磁波的能量通过波长来决定，具有波长越短能量越高的性质。当电子想要从下方轨道（内侧）向上方轨道（外侧）移动的时候，则需要补充能量差值，需要更短波长的电磁波的照射。而当波长过短时，电子则会进行飞离运动。

反之，当电子由上方轨道向下方轨道下落时，两个轨道间的能量差会形成电磁波进行放射运动，并且会向外释出热量与其他形式的能。

下图为我们说明了，电子从"轨道1"向"轨道3"移动时吸收了电磁波，反之由"轨道3"向"轨道1"下落时，放出了电磁波。

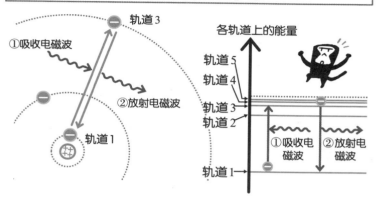

怎样才能做到轨道迁移呢？

在此总结一下本书内容，原子种类的不同决定了原子能级的不同。当原子中的电子从下方轨道向上方轨道运动时，需要能量的累积❶（吸收电磁波），而当电子向下方轨道运动时，则会根据轨道间的能量差释放出电磁波。能量差越大，波长越短（可视光线呈现蓝色），同时释放出电磁波，能量差越小，波长越长（可视光线为红色），释放出电磁波。

📍 **霓虹灯招牌的构造**

现在我们回到霓虹灯招牌这一话题。霓虹灯是在玻璃

---

❶ 最下方的能量状态被称为基态，而最上方的能量状态被称为激发态。并且，电子向其他轨道进行的运动被称为电子跃迁。

管中注入少量的氖气并使其处于真空状态，在其中插入电极并注入高电压的装置。由此，高电压可以加速电子和氖原子的碰撞，氖原子中的电子则会率先飞离。此时，上方轨道的电子将会落入下方轨道，两个轨道间的能量差将会引发电磁波的释放。其中的颜色便会以红光的形式被我们看到。但并不只有红光才能够被释出，如果使用别的气体代替氖气，如氩气，根据氩气的能量状态将会呈现出蓝色的光。

如果在玻璃管中涂上"荧光涂料"，也有可能放出其他颜色的光。而涂料发出荧光则是通过以下的流程来达到的。第一步是吸收大能量的电磁波，使电子向高能量的轨道移动。电子会以放热等形式流失掉一些能量，也会有一些落入下方轨道。所以，会有一些比吸收的电磁波弱的电磁波（波长更长）产生的荧光。不仅仅是霓虹灯招牌，荧光灯也会根据荧光涂料的不同释放出我们想要的颜色。

原子拥有分散的能量状态，利用与轨道间的能量差相对应产生的电磁波这一方式衍生出的产品还有很多。如在隧道中散发出橙色光芒的"钠灯"。橙色则是钠原子本身的颜色。

拥有了这些知识，我相信当我们再看到夜晚街道绚烂的景色时或许也会有一番别样的感触吧。

超导与 BCS 理论

如果进行超低温冷却，在绝对零度下一部
分物质的电阻将为零，这种状态被称为超
导状态。随着进入超导状态，这个物质内
部会产生将磁感线排斥出去的迈斯纳效
应。学习量子力学则必须理解这些现象，
我们可以将电子当作库珀对去思考以便
理解。

　　如"焦耳定律"（第3章第2节）所述，在电流流经导
线时会产生热。如果是想利用其加热另当别论，否则电阻
的存在会使能量通过热的形式流失，造成电力的无效损耗。
在一定时间下，所产生的热量是［电阻×（电流）²］，所
以我们可以想到当电阻不存在时，产生的热量也会为零。
而这样如同梦话般的理论有可能成真吗？

⊙ 随着温度的下降，阻力也在减小

究竟电阻是如何产生的呢？导线中原子的震动会影响电子的流通。或许这样解释有些偏颇，也可以理解为导线中震动的原子干扰到了电子。这个"导线中原子的震动"又被叫作"热运动"。由于温度越高热运动越激烈，所以高温也会导致电阻增强。相反，随着温度降低，电阻也会减弱。

所以，随着温度不断下降，电阻会减弱到什么程度呢？原本，温度就是拥有极值的，大约是零下273℃，我们也称它为**"绝对零度"**。在绝对零度的环境下，我们可以理解为由于原子的热震动完全消失，也就不存在对于电子的干扰❶。科学家们由此推测，在此情况下不存在阻力。在此之后，荷兰的物理学家昂尼斯率先发现了超导现象。

1911年，昂尼斯进行了将水银的温度逐渐降低，同时连接电流测量其电阻值的实验。如同预想中一样，随着温度的不断下降，电阻也在随之减弱，而当温度达到零下269℃的时候，突然观测到电阻值变成了零。

昂尼斯将这种现象命名为**"超导现象"**。他发现同样

---

❶ 考虑到量子力学的效果，虽然原子热运动的能量不能完全归零，但是可以保持在最低能量状态。但是在1911由于还没有量子力学这一学科，因此并没有上述概念。

的现象在锡和铅以及其他金属中同样可以实现，拥有电阻的状态（正常态）过渡到超导状态的现象并不是水银特有的。

不局限于绝对零度金属的超导现象，我们可以理解为"原子的热震动"消失。而且在量子力学（虽然当时量子力学这一学科还没有确立）中，如果在绝对零度的环境下，热震动并没有完全消失，说明还有其他的制约因素存在。

♀ 不可思议的迈斯纳效应

在这之后，虽然我们发现了各种各样的具有超导性质的物质，但为什么会具有这种性质原因却不甚明了。在这之后的1933年又有一个奇妙的现象被发现，这就是超导状态下的物质会被弱磁感线完全排除的现象。这个现象以发现团队的代表者迈斯纳的名字命名为**迈斯纳效应**。

在这里，我们可以回顾一下"法拉第电磁感应定律"（第3章第3节）。当时或许有人会觉得这个定律难道不是在陈述理所当然的事情吗？因为物质在进入超导状态后置于磁场中，虽然"随着磁束的变化会影响电流的流动"，但是由

无法用电磁感应解释的新现象——迈斯纳效应

①超导状态下的物质接触磁场, 会偏离磁感线进行运动。我们利用
法拉第的电磁感应定律便可以轻松理解

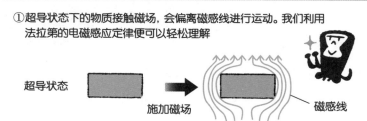

②先将其置于磁场内, 之后进行冷却至超导状态, 也会进行偏离磁感
线运动。这是法拉第电磁感应定律中没有解释过的全新现象。

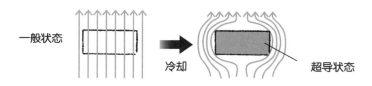

于在超导状态（电阻为零）, 电流会增大。所以, 感应电
流的流动完全抵消了外部施加的磁场的影响, 从而形成物
质内的零磁场（也就是说磁感线没有进入物质内部）是可
以想见的。

　　但是, 迈斯纳效应并不仅仅是以上的现象。最初, 物
质接触到磁场, 随着温度的下降, 物质逐渐进入超导状
态, 磁感线将被赶出物质。这是在法拉第电磁感应定律中
没有阐述过的部分。也就是说, 超导状态并不仅仅是电阻
为零的状态, 还有一些本质上的新现象。

　　由此看来, 迈斯纳效应是现在认识新的超导材料的

先决条件。

📍 超导状态的源头是电子对

关于超导状态的成因如今可以初步解决源于1957年发表的"**BCS理论**" ❶。

在"BCS理论"中，"**库珀对**"这种由两个电子结成的电子对在其中扮演着重要的角色。大致说来，就是"电子在与金属原子碰撞时损失了能量，而别的电子则吸收了与其相等的能量"这样一个显而易见的道理。这样一来，一组电子可以在导体中流动而不损失整体的能量，所以我们可以说电阻为零。

这是依托于量子力学的本质进行解释的理论。电子是一种"**自旋值**" ❷ 为正负 $\frac{1}{2}$ 的粒子（称为费米粒子）。但是，当一个自旋为 $-\frac{1}{2}$ 的电子与自旋为 $\frac{1}{2}$ 的电子配对时，它就成为了自旋为零的粒子（称为玻色粒子）。而这，就被称为库珀对。

---

❶ "BCS"是发现者巴丁、库珀、施里弗三人名字的首字母。
❷ 很难在日常生活中找到关于自旋值的比喻。但是硬要比喻的话，类似于"自转"。
　 把球放在桌子上使其向左转或向右转，用"+""–"符号来表示。

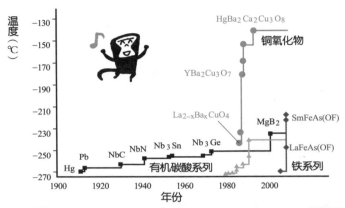

炙热高温超导体的开发竞争

本图根据 http://sakaki.issp.u-tokyo.ac.jp/user/kittaka/contents/others/tc-history.html 制作而成

　　玻色粒子具有在低温状态下凝结成低能量状态的特性，这也就解释了超导材料的各种特性（零电阻、迈斯纳效应、比热以及吸收电磁波）。在超导刚刚被发现的1911年，量子力学理论还没有被完全确立，这也是此种现象为什么迟迟不能被解释的原因。

　　近年，我们相继发现了"高温超导体"，也就是在相对温度较高（虽然是用液氮达到的零下196℃）环境下的超导物质。关于这个现象，由于BCS理论也不能做到完全解释，日后对理论的修正也是必要的。

📍 超导的广泛应用

超导物质已经广泛应用于医疗行业，如医院的MRI（可以将身体核磁共振成像的设备），试运行中的JR的直线电机组中也可以看到，这些机器都需要强力的磁铁，由于在零电阻的状态下会有大电流流经形成了强力的电磁石。如今高温超导体还没有广泛应用，因为在现今，超导物质还需要在零下270℃左右的环境下才能发挥效能。

这样的低温可以通过冷却氦气（零下269℃）直至其液化来获得。但是，氦是相当稀有的物质，并不知道什么时候才可以稳定地供给。与其相比，氮气❶则是空气中常见的物质，如果可以将液氮温度下的高温超导体投入实际使用，那将是非常有用的。

---

❶ 空气中的约80%是氮气。液体氮气可以制冷到零下196℃。

第5章

为了深入了解自然而存在的"物理"

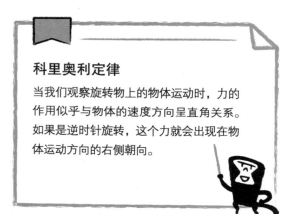

科里奥利定律

当我们观察旋转物上的物体运动时,力的作用似乎与物体的速度方向呈直角关系。如果是逆时针旋转,这个力就会出现在物体运动方向的右侧朝向。

在坐火车的时候如果你牢记惯性定律(第1章第5节),就可以从"火车的外部"的角度进行思考。例如,如果火车刹车,火车就会减速,但你(乘客)并没有减速→"所以从火车的角度来看,你可以认为在火车中的你依旧是在前进"。

📍 站在地球上向远方投球会发生什么呢?

我们不妨将上述思考扩展开来,一个人用尽全力将球向远方抛投这一行为是从"地球之外"的视角来叙述的。
简单来说，现在我们正站在北极，然后面向日本投球。

如果从地球外部进行观察，球确实是向抛投方向飞
出，这也遵循了惯性定律。

但是在抛投中，由于地球也在自西向东进行着自转运
动，球便会偏离原先的运动轨迹向西偏移。从南极向日本
投球也遵循同样的道理。

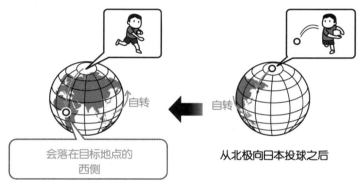

从北极向日本抛球的话……

自转　　自转

会落在目标地点的
西侧

从北极向日本投球之后

所以，在地球上南北走向的方向进行投球，如果在地
球上进行观察，便可以观测到球承受了向西运动的力。

📍 如果在旋转的圆盘上转动球又会怎么样呢？

让我们把这个情境概括一下，首先把"进行自转运动的地球"想象成"正在转动的圆盘"，正如下图所示，请想象一下，你正站在一个可以容纳一个人的圆盘之上逆时针方向匀速旋转，那么它旋转的方向正如从北极俯视地球时，地球进行的自西向东的运动一样。

然后，我们从中心向外围的X点投球。球向外进行匀速运动，图（a）~图（f）标志了在一定时间下球的运动位置（用方块表示），而球途经的位置则用箭头进行表示。

如果从圆盘外观察这种状况，球会径直向X点进行运动，但随着圆盘的旋转，X点会随之引动，这将导致球的落点产生大幅度的偏移。

而站在圆盘的中心观察又会产生怎样的不同呢？当你看到圆盘上的标记来观察球的运动，会发现球似乎在行进方向上向右弯曲了［如图（f）所示］。

基于"运动定律"（第2章第2节）的解析，我们可以了解到以下的信息："当观察者以逆时针转动的视角去观察物体时，物体似乎受到了一个垂直于运动方向的力。而这个力的大小，与观察者旋转的角速度和物体的速度成正比。"这个定律被提出人命名为**"科里奥利定律"**。而其

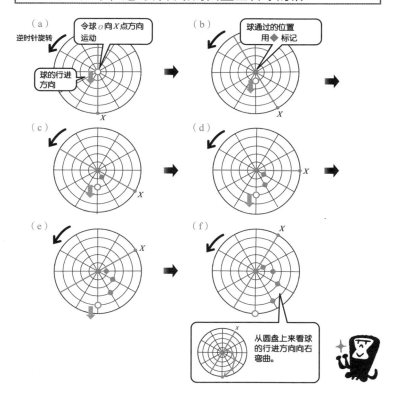

中看起来在起作用的力被称作**科里奥利力**（又名地转偏向力）。顺便说一下，当旋转方向为顺时针方向时，科里奥利力的方向是垂直于行进方向且位于左侧。

❶ 严格说来，上述图片也体现了"离心力"（第1章第5节）的作用。

📍 南北半球台风旋涡的方向竟然不相同?

有关科里奥利力体现的最著名的现象莫过于台风旋涡的方向。我们已知台风是空气被吸向中央低气压的系统。在北半球,引导台风运动方向的力是向右垂直于行进方向的。正如下一页的图所示,科里奥利力在南半球是相反的。所以,南半球的台风形成了以顺时针为方向的螺旋。

与地球自转相关的科里奥利力基本上是只有在大型结构下(例如台风❶)才可以呈现出的现象,它与一些小的结构并没有什么关系,如"你拉开浴缸的塞子时形成的水涡"便与之无关。实际上,如果你有机会去南半球,可以趁机观察一下家里和当地浴室水涡的方向。那么你就会发现,它不一定是同家里相反的方向。

---

❶ "台风"特指位于亚洲附近(北半球东经100°~180°)的热带气旋。北美地区称之为"飓风",其他地区(包含大部分南半球)称其为"旋风"。

台风中的"科里奥利力"

台风（北半球）

旋风（南半球）

原来南北半球气旋方向是相反的呀！

图片提供：日本国立情报学研究所"数码台风"

http://ayora.ex.nii.ac.jp/digital-typhoon/

瑞利散射

瑞利散射是指，当光（电磁波）碰到粒子时发生的散射。如果在粒子的大小与光的波长相比足够小的情况下，波长较短的光更容易被散射，散射的容易程度与波长的四次方成反比。

　　仔细思考一下，天空的颜色也是相当不可思议的。在白天，天空因太阳光照看上去像染上了颜色一般。但太阳光的颜色明明是近乎于白色的，为什么我们看到的天空是蓝色的呢？原本当你抬头仰望天空时看起来是蓝色的地方并不是太阳的所在地，而是什么都没有的地方。那么，为什么什么都没有的地方会呈现出蓝色呢？

为什么天空看上去是蓝色的?

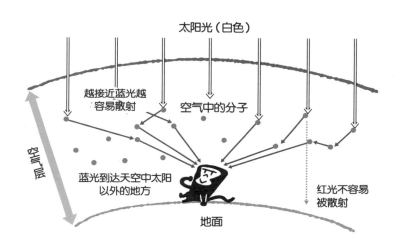

🅿 蓝光会被优先散射

　　太阳光是由众多波长的光混合形成的。波长较长的光会呈现红色，波长较短的光会呈现为紫色，经过这样的融合，我们肉眼可见的太阳光便呈现出白色。

　　当这些阳光照射到空气中的一个分子时（如氧原子和氮原子），有一定的概率会改变行进方向，这种现象被称为"散射现象"。散射的难易程度取决于光的波长（电磁波），波长较短的光会更容易产生散射。如果进行具体计算的话，散射的容易程度与波长的四次方成反比。这个理论以它的发现者的名字命名，被称为"瑞利散射"。

红光和蓝光的波长大概有1.5倍的差异，散射的难易程度为$1.5^4 \approx 5$，接近于5倍。蓝光发生散射的可能性是红光的五倍。在散射物质比光的波长小很多的情况下就会出现这种现象。

换句话说，天空并不是在什么都没有的地方呈现蓝色，而是在有空气分子（比光的波长要小很多）的地方呈现出了蓝色。让我们一起看一看美国航空航天局（NASA）在宇宙空间站拍摄的太阳的照片❶，太阳在漆黑宇宙的映衬下格外

在没有空气的宇宙中天空是黑色的

http://www.nasa.gov/multimedia/imagegallery/image_feature_2059.html
（Image Credit: NASA）

---

❶ 输入上述链接或者读取上述二维码可以打开NASA的相关网页浏览该图片（需要二维码应用程序）

熠熠生辉。由此可以理解，在没有空气以及任何其他东西的地方，太阳光无法进行散射，使其保持着黑色的原貌。

📍 朝阳和落霞为什么是红色的？

朝阳和落霞时天空呈现红色的现象，也可以用瑞利散射来解释。

傍晚时分，太阳在天空中的位置很低，如下图所示，所以太阳光到达地面之前经过的空气层很厚，因此，短波长的光线（蓝色）经历了多次散射，很难到达地面。红色的光虽然也经历了散射，但更容易到达地面，所以当我们傍晚看向天空的时候便会觉得天空变红了。

傍晚蓝光无法到达地面，天空呈现红色

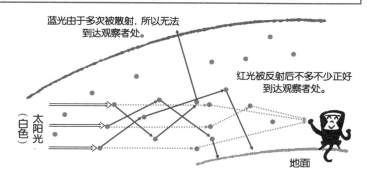

蓝光由于多次被散射，所以无法到达观察者处。

红光被反射后不多不少正好到达观察者处。

太阳光（白色）

地面

仔细想想看，也许地球上的空气量可以不多不少正好创造出蓝天和夕阳。如果空气太多，哪怕是在白天也有太多的太阳光被散射，使天空变成红色。反之，如果空气的量变得过少，哪怕是傍晚，我们也将看到蓝色的天空。

📍 火星上的落霞是蓝色的

下图是美国航空航天局（NASA）的火星探测器拍摄的有关火星日落时的照片。虽然在本书中，你看到的是一张黑白照片，但它的原始照片是蓝色的。光线由火星中漂浮的氧化铁微粒子进行散射呈现出了蓝色的光。由于氧化铁比空气分子大得多，所以这并不是瑞利散射，而是"**米氏散射**"。

根据这一理论，如果粒子的大小略大于光的波长，任何波长的光都会产生均等的散射。在这种情况下，天空应该看起来是白色的（这也是为什么我们看到空中的云层是白色的原因），火星上的微粒子比这要更小一些，所以恰好波长较长的光更容易被散射。因此，与地球上的日落相

火星的日落是"蓝色"的

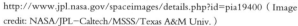

http://www.jpl.nasa.gov/spaceimages/details.php?id=pia19400（Image credit: NASA/JPL-Caltech/MSSS/Texas A&M Univ.）

反，波长较短的蓝光更容易到达火星地表。❶

我们每天看到的天空的颜色中似乎也隐藏着物理学的原理。地球上的天空之所以这么蓝、这么漂亮，正是因为有了适当的空气。也正是因为空气的存在，我们人类才可以生存下去。在了解了这些之后，再抬头望望天空的时候，是不是感慨也更为强烈和特别了呢？

---

❶ 由于光的波长大约在400~750nm之间，在云的水滴（3000~10000nm）当中，无论任何波长都会被均等散射。如果是火星的微粒子（1000~2000nm）的话，波长越长越容易发生散射，如果是空气的分子（0.4nm左右）的话，波长越短越容易发生散射。

多普勒效应

当观察者与声源接近时会感觉声调变高，如果远离声源时会觉得声调变低。这是因为声源在移动过程中声音的波长会发生变化，观察者在运动中接收的音波个数也随之发生改变。同理，该现象对光波同样适用。

　　想必大家都会有"当救护车行至近处时会感觉声调变高，而在远处时便会听到相对低沉的声音"这样的感受吧。有一次，当我路过一辆停在路边的响着警笛的救护车，靠近它时我可以感受到它的声调很高，然而当我离开它时却又觉得它的声调低沉。简而言之，当声源与观察者接近时，声调较高；当他们远离时，声调较低，我们称这种现象为"多普勒效应"。那么到底为什么会产生这种现象呢?

声波是如何传播的？

首先，声音原本就是由空气分子的震动来传播的一种“波”。就好比你向池塘中投进一块石头，水中的涟漪会一圈一圈地扩散开来，如果你在空气中震动某种东西，声波也会从那里一圈一圈地传播开来。声波传播的速度（声速）为340m/s，声波的传播遵循着两大原则。

原则①：声速与声源的速度之间没有关系

换言之，这意味着无论声源是静止的还是移动的，声音从原点到各个方向都是呈球状均等传播的。

原则②：一个声音的音高是由声音的频率决定的

这里的频率是指“每秒敲击耳膜的次数”，或者换言之，指的是“每秒通过观察者的声波的数量”。振动次数越多，音调就越高，反之，振动次数越少，音调就越低。我们人类能听到的震动频率大致在每秒20~20000次。每秒钟振动的次数用赫兹来表示，因此人类的听力范围在20 ~ 20000Hz[1]。

多普勒效应是指伴随声源和观察者的移动，“每秒通

---

[1] 通过对周围环境的测定，笔者发现人说话的频率大概在100~1000Hz之间。根据日本环境省的规定，低于100Hz以下的声音被称为“低频噪声”，是给人们带来不快的原因之一。

过观察者的声波数量"也在变化的现象。它的原理是两个
现象的组合，接下来我们依次来看。

📍 随着声源的移动波长也在变化

随着声源的移动会产生什么样的现象呢？为了更容易
理解，我们假设这个声源每秒发出一个音（声波），即为
1Hz，声速设定为100m/s[1]。

声源停止时，声波成同心圆状向外扩散

（a）声源停止时，声波的扩散形式。

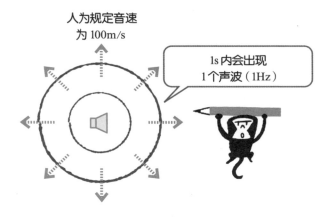

人为规定音速
为 100m/s

1s内会出现
1个声波（1Hz）

---

[1] 仅仅是为了"计算简单"，实际上音速并不是100m/s，而是340m/s左右（温度越高，音速越快）。

正如图（a）所示，声源停止时，声音呈同心圆状向外扩散，而这个圆的半径每秒将增加100m。

现在，如果这个声源向右移动会发生什么现象呢？现在声源的速度是50m/s，从它发出的最初的声波到现在已经过了1s［如图（c）所示］。第一个声波在半径为100m的圆圈内延伸，现在声源即将产生第二行声波。但由于声源在第一个声波的右侧50m处，因此第二个声波便从这一点开始呈圆圈向外扩散。

1s后，也就是开始后的2s，你可以看到第一个声波的半径是200m①，第二个声波的半径是100m②，但第二个声

声源移动时声波就会偏移

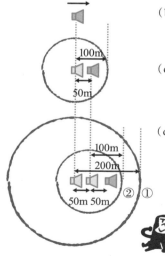

（b）声源以50m/s开始移动并发声。

（c）1s后，形成了第一个半径为100m的声纹，并且声源位置向右偏移50m。

（d）2s后，声纹①的半径变为200m，并且形成了半径为100m的声纹②。各自的中心代笔了"发出声音的位置"，所以彼此并不是同心圆扩散，而是向右偏移排列在一起。

波的中心却向右偏移了［如图（d）所示］。第三个声波与
第二个声波的中心相比又向右移动了50m。在这样的重复
操作下，中心向右偏移的声波不断扩散开来。

当站在声源右侧的观察者听到这个声波的时候，又会
是什么样子呢？每个声波都以100m的速度接近，但声波之
间的长度（称为波长）已经减少到50m。由此我们可以知
道，1s内有两个声波经过观察者［如图（e）所示］。换
句话说，声源本身发出的声音是1Hz，但观察者听到的是
2Hz。当声源向右移动时，短时间内更多的声音被推送，所
以观察者才能在更短的时间内收到更多的声音。由于这个
原因，当声源向观察者接近时，观察者所听到的声音的频
率比原频率要高（听到更高声调的音）一些。

如果观察者站在声源的左侧，与之相反，波长会延长
至150m，所以观察者在3s内只能收到2个声波。因此，观

观察者听见缩短了的声波

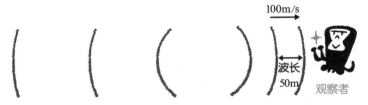

（e）观察者停止不动时，因为接收到的声波速度为每秒100m（也就是说
100m距离内有2个间距50cm的声波），所以听到的是2Hz的声音。

察者听到的这个声音是 $\frac{2}{3}$ Hz，即0.67Hz。这也就解释了为什么音调在观察者远离的时候听起来较低。

虽然观察者的移动对声波没有什么影响

现在，让我们假设声源是静止的，观察者是移动的情况。不管观察者是静止的还是移动的情况，声波都是在以声源为中心100m/s的状态呈同心圆状进行传播。

当观察者停在原地不动时，每秒只能通过一个声波，如果观察者向声源方向移动，例如，观察者以100m/s的速度接近声源。如果观察者每秒移动100m，他将收获到一个额外的声波。也就是说，观察者在一秒钟内可以收到两个声波，也就是2Hz。观察者为了满足自己的欲望不断接近声源，便可以收获比原来越多的声波。这也就是为什么当观察者在接近声源时，音调也会变得更高的原因。

同样，当观察者远离声源，每秒收到的声波数量将减少。这是因为观察者远离他保持静止时本可以接收到的声波。因此，观察者从每秒接收一个声波，到现在每两秒接收一个声波，也就是说振动次数在减少，这也意味着声音听起来会更低沉。

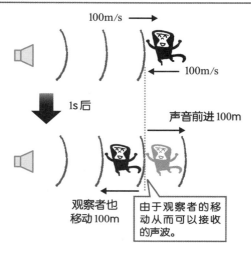

当你习惯这样的思考方式时，适逢你再经过一辆救护车，你就可以体会声波是怎样传播的，而你自己又是如何在声波中移动的。

⊙ 光的多普勒效应

其实光（电磁波）也是一种类型的波，所以它和声音能产生同样的现象，但从理论框架来看与声音有些不同，因为我们必须要遵循"特殊相对性理论"。但无论如何，当光源和观察者彼此接近时，频率较高；而当他们逐渐远离时，频率较低。如果频率高，波长就短，这意味着它的光将呈现蓝色；如果频率低，波长就长，光会呈现出红色。

光的多普勒效应并不像声音的多普勒效应（救护车现象）那样可以随时在日常生活中感受到。这是因为，当光源、声源或观察者的速度与波的传播速度相比太小时，多普勒效应就很难被注意到。例如，在声源的速度与声速相比非常小的情况，那么声波将以几乎同心圆的方式进行传播，我们可以理解为基本不会发生多普勒效应。因为光速（约30万km/s）要比音速（约340m/s）快得多，所以以媲美光速移动的某种物体，只有通过精密的测量才能注意到光的多普勒效应。

📍 当足够快接近时，我们可以看到恒星是蓝色的

如果说光的多普勒效应在实际中观察到的例子，莫过于随着星星的移动，我们可以观测到星星的颜色在随之变化。例如，当一颗恒星接近地球时，它会比原先看起来颜色更蓝一些。因此，如果一颗恒星看上去时而变蓝，时而变红，这就说明它正在离地球越来越近或是越来越远。我

们在太阳系外发现的许多新行星都是基于这一原则。❶

又或者棒球飞行时使用的测速枪，还有在超速执法中使用的测速仪，他们都能将电磁波照射到物体上，检测由于多普勒效应而反弹回来的电磁波的频率变化。在这里列举的所有例子都是测量非常小的变化的机制，所以它并不像红色光变成蓝色的光那样明显。如果你能明白这种机理，那么我相信你会很享受这个关于多普勒效应的小笑话。

当闯红灯的驾驶员被交警在路边拦下时。

交警：你没有看到是红灯吗？

驾驶员：恕我直言，交警先生，当我正在接近信号灯的时候，由于多普勒效应，信号灯的颜色仿佛是绿色的。

交警：什么？如果我告诉你，如果你要应用多普勒效应公式，使红光看起来像是绿色的，这意味着你的驾驶速度是光速的30%，也就是你每小时的时速超过了3亿km。鉴于你自述了以上犯罪事实，逮捕，关进监狱！

这是一个例子，说明了当你炫耀你半吊子的物理知识时会发生什么！

---

❶ 众所周知，离银河系越远的星系以越高的速度远离银河系，但是只有仙女座星系离银河越来越近（在未来会彼此相撞）。

04 伯努利定理

伯努利定理

如果我们沿着流向观察一种不能被压缩的、没有黏性的流体，那么以下的公式则会成立。

重力势能 + 动能 + 压力势能 = 常数

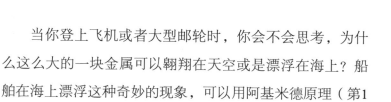

当你登上飞机或者大型邮轮时，你会不会思考，为什么这么大的一块金属可以翱翔在天空或是漂浮在海上？船舶在海上漂浮这种奇妙的现象，可以用阿基米德原理（第1章第8节）来解释，这是由于浮力的作用。

然而，使飞机漂浮的空气可比海水轻得多，所以它并不能产生足够的浮力去支撑机体。在这里还有另一个原理在发挥着它的作用，而这秘密的关键就在于"空气如何在机翼间流动"。

📍 流动的流体速度会如何变化？

先将我们的视线从飞机上移开，把注意力放在流动的流体上（水和空气）。这种流体不能被压缩，也不具有任何的黏性[1]（假定流体内部不存在摩擦力）。

如果流体在同一高度流动，而流通路径在变窄，由于它是一种不能够被压缩的流体，那么随着流通路径的变窄，它的流动速度一定会加快。当通过路径在这里变窄时，你可能会去思考，为什么"通过路径在被堵塞的时候，流速会变快而不是变慢"？那么接下来我将为你解释原因。

管道变窄后流速加快

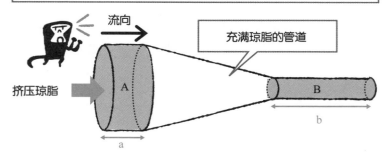

流向

充满琼脂的管道

挤压琼脂

A

B

a

b

无法压缩琼脂的时候，如果从左侧挤压A部分的琼脂，将会在右侧挤出B那样的细长条。
也就是说在相同时间内，相同琼脂量在左侧移动的距离为a，在右侧移动距离为b，可以发现右侧的速度是更快的。

---

[1] 精确来说可以压缩空气，但是我们在这里忽略不计。

如下页图所示，将管子内装满琼脂。现在，如果你从左（管子粗的部分）向右（管子细的部分）推动琼脂，推入的部分的体积与推出部分的体积将是一样的，只不过被推出的B的部分会显得更细长。换句话说，在相同的时间内，琼脂移动的距离增加了（自a至b），所以我们可以说琼脂的移动速度增加了。

在生活中另一个熟悉的现象是，当你压迫软水管的末端以释放水流时，水流就会大力涌出，这种现象不正是"当通过路径变窄，流体速度变快"的情况吗？

顺便说一下，因为流体也是由原子和分子组成的，所以它依旧要受"惯性定律"的影响，这也是力学的基础。也就是说，"如果在不施加任何力的情况下，流体会持续做匀速直线运动"。因此，综上所述，如果流体的速度加快，则就一定有一些力作用于流体。

流体的每一部分都对彼此施加着"压力"。正如前一页的图所示，涂满灰色颜料的管子的那一部分（管道越来越细的中间部位）的流体其实是被左右而来的p_1和p_2挤压的。虽然在此我并不多赘述，但根据力学定律，当管道变得更细时，我们可以推导出$p_1>p_2$这一结论。也就是说，管道越细，流体流动也就更快，压力也会随之下降。综上所述，我们可以总结出以下方程式：

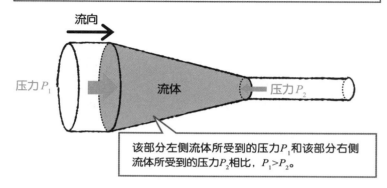

该部分左侧流体所受到的压力P_1和该部分右侧流体所受到的压力P_2相比，$P_1>P_2$。

动能（流速）+压力势能（压力）=常数

为了纪念它的发现者——瑞士的数学家、物理学家丹尼尔·伯努利，人们将该定理命名为"**伯努利定理**"[1]，即"随着动能的上升，压力会随之减弱"。

到目前为止，我们假设流体都是在水平方向进行运动。所以，如果流体从高处下落到低处（或是从低处跃升至高处）时，正如力学中的机械守恒定律所述："如果物体势能下降，那么它的动能就会上升。"因此，我们将得到以下公式，这也是更广泛应用的"伯努利定理"的表达式。

势能+动能（流速）+压力=常数

由于空气是可压缩并且有黏性的，所以这个定理并不

---

[1] 伯努利家族主要在数学领域内留有丰富成果。在祖孙三代内共涌现出8位物理学家、数学家，并且有很多以"伯努利"为名的定律。

严格有效。但是在近似的情况下，我们一般会公认为该定理有效。

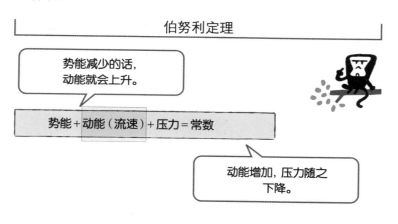

飞机为什么可以翱翔天际?

　　飞机向前飞行时，风从前方打到机翼上。气流触碰到机翼后，它将会被分为两部分，即机翼顶部的气流和机翼底部的气流。当机翼的角度在适当的范围时，机翼上方通过的气流速度会更快。❶

　　一起流动的气流被一分为二，但是只有上方气流的流

---

❶ 偶尔会看到"由于机翼上方隆起，为了使通过机翼上下方的气流同时在机翼后方相遇，所以通过机翼上方的气流会变快（机翼上方隆起，气流移动距离较长）"这样的解释，可以说这是毫无根据的谬论。

速加快，通过伯努利定理，我们可知上方气流的压力是被减弱了。因此，从下方推起机翼的压力更大，飞机被向上抬升。而这种将飞机向上抬升的力，我们称之为"**升力**"。

升力与浮力不同，它只在流动中的流体中产生。而就飞机的情况而言，升力会根据机翼的角度变化而变化。

当我们这样思考的时候，会再次意识到让飞机在空中翱翔是一件多么不容易的事情啊！

"升力"的原理

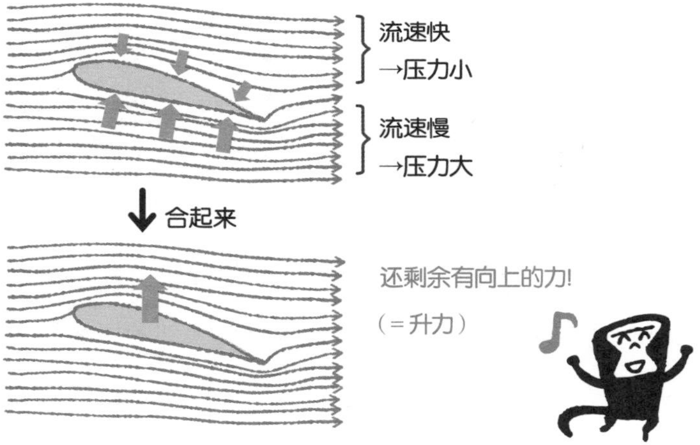

流速快
→压力小

流速慢
→压力大

↓ 合起来

还剩余有向上的力!
（=升力）

第6章

从微观世界到宇宙尽头的"物理"

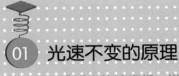

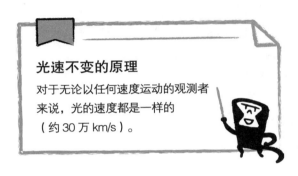

光速不变的原理
对于无论以任何速度运动的观测者来说，光的速度都是一样的（约 30 万 km/s）。

　　去看烟花大会或者棒球比赛时，我们能深切地感受到声速和光速的差距。"哗"的一瞬间烟花炸开后，经过几秒钟后才会听到"咚"的一声。棒球也是一样的，在场外坐席观看比赛时，看到击球手打球之后才会听到声音。相比于音速的340m/s，光速约为30万km/s，两者有近百万倍的差距。

📍 光速对于任何人都一样

声音和光在速度方面有很大的不同，尤其是当观测者移动时，其差距会愈发明显。观测者向声源方向移动时，声音的速度就会提高。如图（a）所示，当观测者以100m/s的速度向右侧声源跑去时（音速340m/s），接近观测者的声音速度如下：

340+100=440m/s。

> 即使以 10 万 km/s 的速度接近光源，光速也是一样的吗？

（a）观测者面向声音行进的情况下

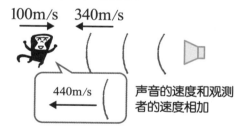

100m/s　340m/s

440m/s

声音的速度和观测者的速度相加

（b）观测者面向光行进的情况下

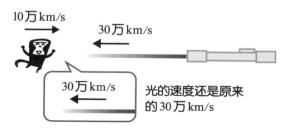

10万km/s

30万km/s

30万km/s

光的速度还是原来的30万km/s

但是，光在这种情况下不成立。如图（b）所示，对于从右侧以30万km/s的速度传来的光，即使观测者在以10万km/s的速度接近的情况下，光速仍会是30万km/s。

1887年，美国物理学家迈克尔森和莫利首次对此事进行了实验性的探究。

他们使用非常精密的装置，将地球公转方向来的光和相对于地球公转垂直方向来的光进行比较，检测彼此的光速有多大不同。

如果用计算音速的方法来考虑，从地球公转方向来的光的速度应该快一点。顺便说一下，地球的公转速度约30km/s，是光速的万分之一。在当时，该实验可以说是非常精密的实验了，但是，无论进行多少次实验，从哪个方向来的光都无法检测出速度的不同。

为了解释这个结果，科学家们提出了各种各样的学说，但是最后爱因斯坦总结说道"光就是这样的"，也就是说"对于观测者来说，无论怎样运动，光速都是相同的（30万km/s）"。人们把这一根本原理称为"**光速不变原理**"。

爱因斯坦以这个原理和另一个"在一个惯性系中成立的物理法则，对于相对惯性系做匀速直线运动的其他观测者而言也同样成立"的原理（也就是人们常说的"**相对**

论"）为基础构建了**"狭义相对论"**。

因为想要了解狭义相对论的全貌相当困难，所以本小节特别介绍两种基于"光速不变原理"下产生的有趣现象。

📍 是否同时是相对的

如下页图所示，正在行驶的列车的正中央恰好有一个光源，向前后放出光。在这辆列车上的人和在站台上站着的人分别观察到了什么呢？

首先，从列车上的人的视角来说，根据"光速不变原理"，光是按照30万km/s的速度向前后传播的。因此，从列车中央向前后发出的光是同时到达的［见图（a）］。

站台的人又是怎么看的呢？同样根据"光速不变原理"，对于他来说，光速也是30万km/s向前后传播。但是这里需要注意的是，光是从"发射点"以30万km/s向外传播的。也就是说，列车向前行驶时，列车后端和向后传播的光相遇的距离比列车前段和向前传播的光的距离短，所以向后传播的光会提前到达［见图（b）］。

观测者不同，是否同时的结果也不一样

（a）在列车中观测光

光是从前后端同时到达

（b）从站台观测光

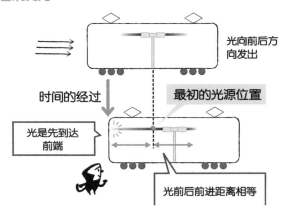

光向前后方向发出

时间的经过

最初的光源位置

光是先到达前端

光前后前进距离相等

这种与时间相关的性质叫作**"同时刻的相对性"**。这两个现象是否同时发生并不是绝对的，而是根据观测者所在地的不同而不同。

为了以防万一，这种现象避免了由于"观察者观测到光在到达列车的前后端之前有时间差"。这里的"观测"的方式是，站台上排满了观察者（所有人同步计时），当光到达两边时，观测者会把时间记录下来的方式。也就是

说，从现象发生到观测到这一点为止，没有时间差。

📍 正在移动着的人的时间似乎要慢一些

接下来，让我们在火车和月台上安装一个大钟。该时钟由垂直于火车行驶方向的圆柱体和显示时间的显示板组成。反光镜安装在圆柱体的上下表面，光线被反光镜反射并在圆柱体中上下往复运动。下表面有一个检测光的传感器，每当光到达下表面时，显示板上的值就会增加1，这就是"光子钟"。

如果站在站台上的观察者分别观测站台上和列车上的光子钟，会发现什么结果呢？当光在列车内的光子钟中往返时，如图所示可以观测到光的路径应该是倾斜的。也就是说，在站台上的光子钟的光往返一次的期间，列车上的光子钟的光还不能往返一次。这样反复的话，与站台上的光子钟上显示的时间数值相比，列车上的时间数值会越来越慢。也就是说，从站台上观测列车内的话，列车内的时间流动就会变慢。列车的速度越快，光往返一次所需的路径越长，列车内的时间越慢。

也许大家会认为"这不是光子钟特有的现象吗？"但

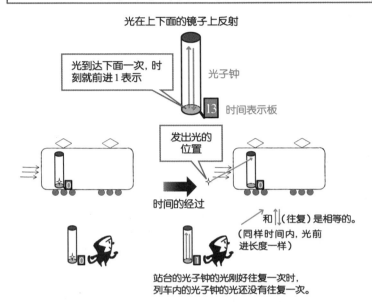

列车内的时间看起来要迟一些

光在上下面的镜子上反射

光到达下面一次, 时刻就前进1表示

光子钟

时间表示板

发出光的位置

时间的经过

和 (往复) 是相等的。
(同样时间内, 光前进长度一样)

站台的光子钟的光刚好往复一次时,
列车内的光子钟的光还没有往复一次。

实际上人们是可以观测到这种"时间本身的延迟"的。被人们熟知的是大气上层产生的 μ 粒子的基本粒子。这种基本粒子具有在非常短的时间内变成其他粒子的性质（常常表述为"寿命短"）。因此，如果没有时间延迟的话，粒子基本上不会到达地面，但是实际上在地表附近会检测出很多的 μ 粒子。这表明由于 μ 粒子飞行速度非常快，时间延迟显著❶，μ 粒子寿命结束之前可以到达地表。

❶ 当然，不是只有 μ 粒子的寿命会有时间延迟，例如，高速移动的人的老化速度也会变慢。

此外，特殊相对理论还可以推导出"移动物体的长度缩小"。从此以后，光速被视为绝对基准，时间和距离则走下了绝对基准的神坛。

正如 μ 粒子一样，即使实际观察到了这些效果，但是，当运动物体的速度远远小于光速时，上述效果可以忽略不计（如光子钟的光线路径基本不倾斜）。因此，在日常生活中人们是感受不到这种差异的。

02　质量和能量的等价性
▶ 隐藏在质量里的巨大能量

质量和能量的等价性

对物体做功（力 × 距离）的话，不仅动
能会增加，质能也会增加。
静止物体的能量是：

$$E=mc^2$$

E：物体静止时的能量（J）

m：静止时物体的质量（kg）

c：表示光速（m/s）。

这个公式意味着 m（kg）的质量消失后
会变成 mc^2（J）的能量。

　　就像前一节看到的那样，朝观察者A移动时，观察者B
身上会发生各种各样不可思议的事情。虽然低速时对观察
者B几乎没有影响，但是当达到像光速那种无法忽视的速度
时，各种各样的影响就会越发明显（如从观察者A的视角
看的时候，观察者B的时间流动变慢）。

　　那么，观察者B（或者一般物体）到底能达到怎样的
高速呢？

　　虽然速度越快越有趣，但是很遗憾，其实速度的上限

值是固定的。

◉ 速度越快，质量越增加，就越难加速

　　作为狭义相对论的一种预言，有一种说法是"无论对物体施加多大的力量，速度都无法超过光速"。这一学说有些不可思议。也就是说，正如第2章第2节的运动方程（$ma=F$）表示的那样，物体所受到的力和加速度a成比例关系。虽然本小节介绍的是狭义相对论，但并不是否定以往运动方程的合理性。不过彼此矛盾的结论确实让人摸不到头脑。

运动方程

$$ma = F$$

m：物体的质量
a：物体的加速度
F：施加在物体上的力

F和a成比例关系!

　　其实这个秘密就在于m（质量）。速度越快，质量也就越大；速度越接近光速，质量（无限）越变大［参照

越接近光速质量越会无限变大

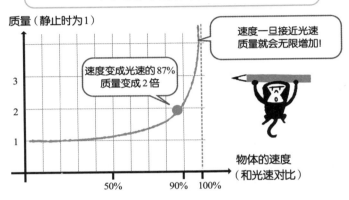

（a）物体的速度和质量的关系

质量（静止时为1）

速度变成光速的87%
质量变成2倍

速度一旦接近光速
质量就会无限增加！

物体的速度
（和光速对比）

一旦接近光速，加速度趋近于 0

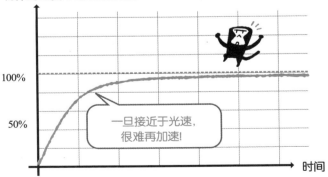

（b）速度的增长方式（持续施加一定力的情况下）

物体的速度（和光速对比）

一旦接近于光速，
很难再加速！

时间

图（a）〕。

因此，在施加一定的力F的情况下，加速度随着速度增加而减小〔参照图（b）〕。在基本粒子研究领域和最先进的医疗领域，能够将电子和质子等粒子或更重的离子加速到接近光速。但是在这种情况下，这种质量增加的效果已被预先考虑并放入对加速器的设计里。

话虽如此，那么运动物体的质量增加是怎么回事呢？虽说质量增加了，但并不是构成物体的原子的个数也随之增加。原本质量就是运动方程中表示"施加力时难以加速"的量。

总而言之，速度变大的话质量就会增加❶。请读者充分理解上述观点后再往下阅读。

❾ 做功转化为质量

在第2章4节中介绍：对物体做功（力 × 距离）的话，物体动能增加。但是，根据以上所述，物体的速度接近光速的话，"即使对物体做功，其动能也不太会增加"。

---

❶ 为什么会说"速度变大的话质量就会增加"呢？这是因为为了满足"相对论"而对运动方程进行了修改。简单来说"相对论"就是指"在某个惯性系统内成立的物理定律同样适用于相对于该系统的，并且以匀速直线运动的另一个观察者"。

| 体现质量和能量的等价性的公式

$$E = mc^2$$

E：物体静止时的能量（J）

m：静止时物体的质量（kg）

c：光速（m/s）

有些人也许认为上述情况应该属于无效做功，但事实并非如此，在狭义相对论的框架中，动能和质能是等价的，两者被统一称为"能量"。而且，能量随做功增加而增加。也就是说，做功使动能和质能都增加。在狭义相对论出现之前，质量一直被认为和能量没有关系，实际上，"质量也是能量的一种"。

不可能从能量中只提取质量并用公式表示，但是在物体静止时的能量的质能可以用上面的简单公式表示。

让我们设想眼前的物体质量为1kg。在该表达式中用1代入m。由于c约为30万km/s，换算为m/s时，单位为3亿m/s。然后，计算出以下值。

$E = 1 \times 3亿^2 = 9万兆（J）$

9万兆J这个数字太大了，根本无法想象。顺便说一下，将1L水从0℃加热到100℃所需的热量约为42万J。用9万兆J除以42万J，能够换算出"一共可以把多少水由0℃

加热到100℃"。

9万兆（J）÷ 42万（J）= 2100亿

根据上述计算，使用9万兆J的能量可以将2100亿升水从0℃加热到100℃。据说日本所有人每天的生活用水量约为350亿升，通过上述案例可以想象1kg固定物体巨大的质能。

但是，周围的物体不会无故消失而变成能量。不能说"我想变暖一点，所以让我们消灭卫生纸，然后将其转化为能量"。❶

为了将质量转换成能量，化学反应或核反应装置是必不可少的。在氢与氧结合形成水的化学反应中，质量的损失可以忽略不计（因此通常不会引起注意），获得的能量也可以忽略不计。但是在核反应中，质量减少明显，获得的能量也很大。所谓"核能"❷，是指通过核反应减少质量而获得的能量。核能发电和原子弹等都利用了这种能量。

当我在学生时代第一次学习狭义相对论时，为了进一步了解"光速不变性原理"和"相对论"，我又补充学习了运动方程。那时无意间接触到自然能量和质能的存在，对此我既惊讶又感动。我深深地觉得，通过简单的洞察和

---

❶ 顺便说一句，薄页纸的质量每页约为1g，当应用于$E = mc^2$时，它的值为90兆J，所谓"取暖"的能量有点过多。

❷ 小原子核聚合变成一个原子，大原子核裂变成两个小原子的反应。

扎实的理论，物理学帮助我们找到了自然界的隐藏规则，这是多么美妙的学科啊。

但是，这种质能一旦使用不当，就会产生类似于原子弹之类的物体。尽管爱因斯坦没有接触过原子弹的开发，但是他还是深切意识到自己对于美军空投原子弹的责任，晚年他一直从事着和平活动。这个事例告诉我们，科学除了"和自然对话"这种中立部分以外，既能造福于人类也能加害于人类。

03 等价原理

▶ 爱因斯坦广义相对论的诞生基础

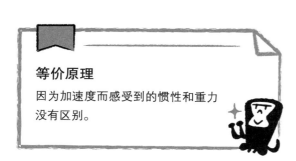

等价原理
因为加速度而感受到的惯性和重力
没有区别。

在第6章第1节，狭义相对论的理论框架已经论述到："相对于观察者A（站台站着的人），存在一个做匀速直线运动的观察者B（乘坐列车的人），从A看B的时间流速变慢。"实际上，大多数的基本粒子μ粒子被证实最后到达地表附近。

📍 **狭义相对论中"对方的时钟变慢"**

让我们更深入地研究这种情况，并考虑相反的观点。

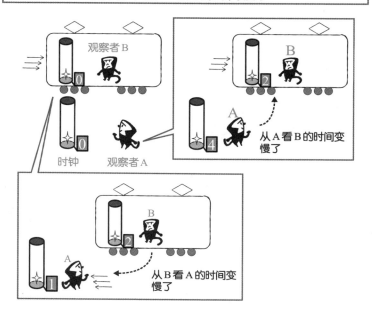

双方都认为"对方的时间慢了"

因为从B来看，A似乎在做匀速直线运动，那么以相同的方式思考，则会得出"当从B观看A时，A的时间流变缓慢"这一结论。换句话说，A和B都坚持"对方的时间变慢"这一观点。

这听起来很奇怪，但是可以基于"同时相对性"对此进行解释。例如，如果在A和B两人擦肩而过的瞬间，假设两人手表的指针均指向零点。我们可以观察到：对于A来说，同时出现"A的手表为4s"和"B手表为2s"这一现象；对于B来说，同时出现"A的手表为1s"和"B的手表为2s"这一现象。

但是，如果B乘坐的火车之后突然停下来，并且A和B见面后互相展示自己的手表时，会发生什么现象呢？由于在站台上放置了两个时钟并进行比较，因此在这种情况下，两人都无法宣称"你的时间比我的慢"。其实我们一定会得出"哪一个时间慢"的结论。实际上在这种情况下，B的时间比A的慢，这到底是为什么呢？

📍 浦岛效应

举一个更夸张的例子，假设一枚火箭以几乎光速从地球飞向遥远的恒星。双胞胎兄弟中的哥哥乘坐在火箭里，而弟弟留在地球上。当火箭以接近光速的速度离开地球时，两个兄弟都观察到"对方的时钟正在减速"。这一原理不仅适用于特定机器操作"时钟"，还适用于基本粒子的寿命、生物节律以及所有其他时间。因此，当火箭飞离地球时，两个兄弟都观察到"对方变慢"。

不久，火箭掉头然后返回地球。重逢的兄弟俩会变成什么样呢？实际上，乘坐火箭的哥哥的年龄较小（也就是说，他的时钟要慢一些）。

这是为什么呢？人们这种情况称为 **"双生子悖论"** 或 **"浦岛效应❶"**。

这两个示例均无法在狭义相对论的框架内进行解释。这是因为中间存在一种"加速/减速"的现象。在火车示例中，火车会减速；在火箭的示例中，它至少在掉头时会急剧减速之后再加速，而在降落到地球上时也会减速。狭义相对论是对于"以匀速直线运动的两位观察者"成立的，无法应用在加减速中。狭义相对论发表后过了11年，爱因斯坦提出了能够处理加减速问题的 **"广义相对论"**。

📍 "等价原理"的猜想

爱因斯坦的新想法是"加速度运动与重力是密不可分的"。例如，当自己乘坐的电梯开始向上加速时，你会感受到向下挤压自己的力，人们称这个力叫作 **"惯性力"**。第1章第5节中提到的离心力就是这种惯性之一。它是对于

---

❶ 浦岛=浦岛太郎。"乘坐火箭从远方返回时，地球上的人们年龄比自己的大"这样的现象和日本古时候的神话故事"浦岛太郎在龙宫待了三天返回时外面已经过了300年"很相似。

既然"无法区别（惯性和重力）"那就视为相同的等价原理

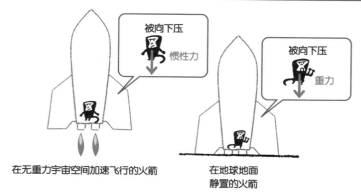

被向下压　惯性力

被向下压　重力

在无重力宇宙空间加速飞行的火箭　　在地球地面静置的火箭

惯性系来说，持有速度"加速/减速/方向转变"的观察者所感受到的力。

　　同样地，当火箭在无重力的宇宙空间中加速时，宇航员能感受到把他们向下压的惯性力。

　　另一方面，这个火箭在有重力的地球上静止时，也有一个重力把他们向下压。也就是说，在看不见火箭外面景色的情况下，宇航员自身不能分辨出把自己向下压的力是惯性还是重力。

　　既然无法区别惯性力和重力，爱因斯坦主张把这两种力视为等同，因而提出了提出**"等价原理"**这一理论。

📍 重力延迟时间

爱因斯坦在1907年提出了等价原理，但完成广义相对论花了9年的时间，不难发现，广义相对论是非常艰深的。在这里，我先简单叙述其结论。

从广义相对论中得出的结论之一就是"重力会延迟时间"。在重力环境下，时钟会变慢。当然，如果重力很大，时钟将运转得更慢。因此，围绕地球运行的人造卫星上搭载的时钟和地球表面放置的时钟是不一样的。由于围绕地球的轨道上重力弱，人工卫星的时钟要快一些。

另外，相对于地面，由于人造卫星在快速飞行，因此狭义相对论中人造卫星上的时钟要慢一些。除非是两种效果完全抵消，否则地表上的时钟和人工卫星上的时钟间的差距将会不断扩大。

📍 可以用相对论来校准汽车导航的误差

这就是为什么使用GPS卫星汽车导航等的，基于两种相对论来进行时间校准的原因。如果不校准，每天大概会有约10万分之4秒的误差，从GPS卫星发送的电波是以光速

（30万km/s）飞行，距离就会产生30万km$\times\dfrac{4}{10万}$=12km的误差。如果出现这样的误差，汽车导航将不能使用，因此狭义相对论和广义相对论是生活中必不可少的理论。

另外，因为不能通过等价原理来区分重力和惯性，因此"在强惯性环境下，时间变慢"也是成立的。也就是说，突然加速或减速，时间流速将变慢。

之前讲述的双生子悖论中，相对于弟弟所在的地球不会突然加速或减速来说，哥哥乘坐的火箭会加速或减速，所以哥哥的时间流速单方面变慢了。这就是为什么只在狭义相对论中来看这种现象是"悖论"，但是，这是一种伴随加减速的现象，因此应该在广义相对论中加以考虑。

另外，通过广义相对论，人们可以得出"重力扭曲了空间"这一结论，并可以解释各种各样特别有趣的现象。但是由于篇幅限制，关于相对论的讲解就先说到这里。

04 不确定性原理

▶ 无法准确预知未来

不确定性原理

在微观世界的粒子中，不可能
位置波动和动量的波动两方面
同时变小。

　　正如我们在第3章第6节中看到的那样，我们认为作为
粒子的电子具有波的性质。这个"波"并不意味着电子以
波状运动，而是意味着"电子更有可能存在于波幅较大的
地方"。 接下来让我们更深入地研究这个问题。以电子为
例来说明，所有其他的微观粒子（质子或中子等）都具有
相同的性质。

📍 电子存在的位置是随机分布的

如下图所示，如果考虑电子在一次元（x轴）上运动则可以绘出"波动图"，考虑电子在三次元（x/y/z轴）的空间内运动，用填充的深浅来表示其振幅的强弱。深色部分波的振幅大，也就是说，电子的存在概率高。"这个存在

思考电子的随机位置

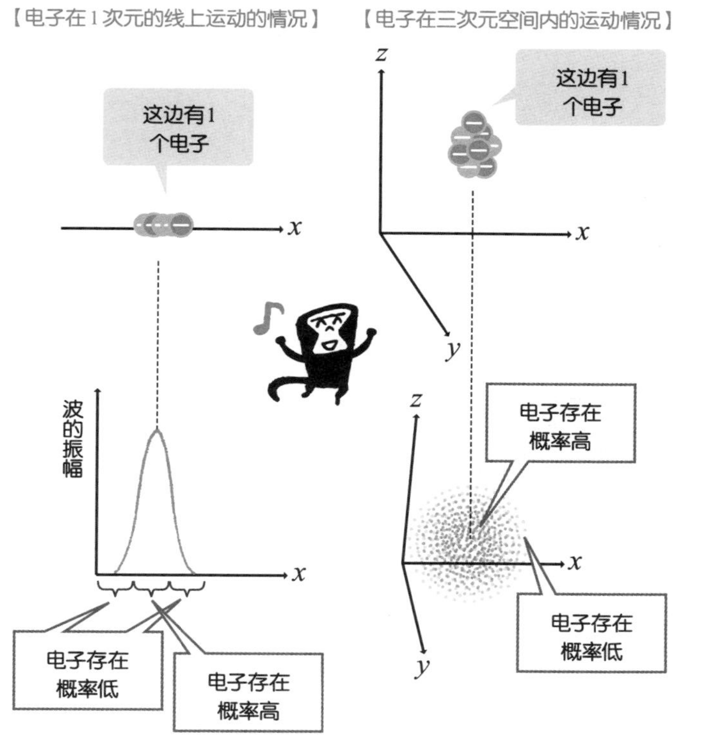

【电子在1次元的线上运动的情况】　【电子在三次元空间内的运动情况】

这边有1个电子

这边有1个电子

波的振幅

电子存在概率低

电子存在概率高

电子存在概率高

电子存在概率低

概率高或低"的含义如下：

首先，我们假设某个位置的附近有电子存在（周围有电子波存在），可以通过观测这个电子（如用电磁波照射，检测散乱的电磁波等）而知道电子的存在位置。

但是，电子的存在位置会伴随观测发生改变。然而通过一次次的观测，我们发现在波的振幅大的地方（图的深色部分）可以多次看见电子，波的振幅小的地方（同一幅图浅色的地方）看见电子的次数少。

📍 观测时电子动量受到干扰

量子力学的开创者之一德国的**海森堡**（Heisenberg）在**1927年**提出关于这个"观测"的**思考实验**，并表明"观测电子位置的行为，会干扰到电子的动量"。"（电子的）动量被干扰"是指"动量=质量×速度"的变化。尽管如此，由于电子的质量没有发生变化，因此可以认为是"速度被打乱了（速度发生了变化）"。

海森堡认为（我将其简化后介绍）：为了观察电子的位置，可以使用电磁波照射电子，再用透镜收集散乱电磁波成像的方法。在这种情况下，发现了"影像的模糊大小

（也就是说位置的测定误差）与波长成比例关系"这一规律。另外，因为电磁波的存在，电子被弹射飞出。这时候电子的动量变化与波长成反比（人们称为"动量干扰"）。

也就是说，将位置测定的误差和动量干扰相乘，可以在一定程度上减少波长带来的影响。

（用h表示的**普朗克常数**。）

"误差（位置）×干扰（动量）～h" ❶

这种关系被称为"**海森堡的不确定性原理**"。实际上还有很多一般用：

误差（位置）×干扰（动量）$\geq \dfrac{h}{4\pi}$ ……① 来表示。也就是说，如果减少位置的误差，动量的干扰就会变大。

相反，如果尝试使动量干扰小，则位置误差会变大。以下就是证明"不能同时精确测量位置和动量"这一说法的公式。

误差（位置）×干扰（动量）～h

该公式意味着"由于无法了解粒子的当前状态，所以无法预知未来"。

直到在牛顿力学中，有了足够的观测数据后才可以非

---

❶ "～"是"大约"意思的符号，类似的符号还有"≈""≃"等。

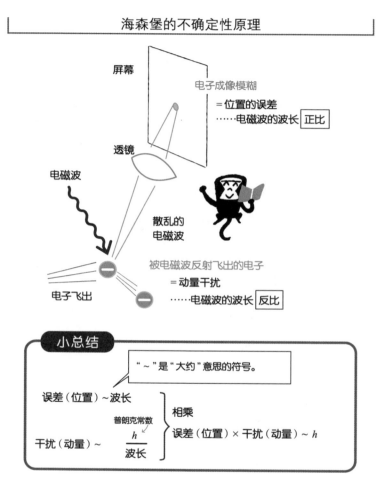

常精确地知道物体从过去到未来的运动。量子力学作为打

开新世界观的代表，似乎打破了海森堡的不确定性理论，

使人们的认知受到非常大的冲击。❶

我怀疑是因为采用"电磁波照射"的方法来测定电子位置，所以才得到了上述结论。当时，海森堡等人推测该原理是普遍成立的，认为未来的研究成果一定会得到强有力的新证据来证明这个理论。

📍 即使不观测电子，其位置和动量也有波动

同一时期的肯纳德（Kennard）从量子力学的框架内的"交换关系"中推导出一个相似的公式：

$$\text{波动（位置）} \times \text{波动（动量）} \geq \frac{h}{4\pi} \cdots\cdots ②$$

人们曾想过之前公式①中的"误差""干扰"可能只是被"波动"替代，但是实际上含义却完全不同。因为误差和干扰是电磁波照射等外部观测行为带来的结果。

但是，肯纳德的推导式中的"波动"和观测行为无关。在量子力学的框架中，在观测前没有确定电子的位置和动量，而是使其"在一定范围内波动"。公式②表明：

---

❶ 爱因斯坦对物理事件只能随机确定的量子力学的世界观表示出强烈不赞成。对此他仍旧持怀疑的立场，并说道："上帝不会掷骰子。"

位置和动量的波动不能同时变小，如果一方变小，那么另一方就变大。

最初提出不确定性的海森堡，也曾说过："因观测行为产生的误差和干扰与肯纳德提出的学说（粒子具备的波动性和观测无关）基本没有太大区别（抑或无法区别）。"他说的话在当时也许是合理的，毕竟那是量子力学的开端。

📍 推翻不确定性原理？——小泽不等式

最近有报道称"海森堡的不确定性原理被推翻了"。其中2003年名古屋大学的小泽正直教授提出的"小泽不等式"，2012年维也纳工科大学的长谷祐司教授等人的实验也证明了这一点。

由于公式较长，所以本书将"误差、干扰、波动、位置、动量"略写成"误、干、波、位、动"。

虽然这个公式最初的部分和海森堡的不确定性原理（223页公式①）相同，但是后面添加了两项新的内容。因此，人们预测说该公式有可能同时大幅减少误差和干扰（但是，位置和动量的波动就会增加）。这一预言违背了海森堡的不确定性原理（误差和干扰双方不可能同时变小），那么实际上是怎么回事儿呢？

小泽不等式和公式①的对比

长谷川教授等人的实验相当于重新测试了这个误差和干扰，尽管这个结果小于海森堡提出的 $\frac{h}{4\pi}$（也就是说，打破了公式①的不等式），但发现公式③是成立的。顺便说一下，肯纳德的公式②的不等式没有被打破。

因为这还是一个新的成果，所以目前还不清楚它到底被多少物理学家认可，但是它很可能会重写拥有近90年历史的海森堡不确定性原理。我们作为历史转折点的见证者，内心十分激动澎湃。

| 结语 |

由衷感谢各位读者的阅读。您是否感受到了"物理就在身边"呢？如果本书的阅读能够使您看待周围事物的视角发生改变的话，作为笔者的我将感到十分欣慰。

接下来是一份迟来的自我介绍。我平时在补习班里教授高中物理和化学。当然，因为是补习班的缘故，课上我经常会提到"常考问题"或者"××大学的出题倾向"等话题，但是我知道最重要的是通过丰富的图像告诉学生们"课本上的知识"和"现实生活中的现象"之间的联系。

一年前，补习班的毕业生在考试体验中写道：

"在我最不擅长的物理中，横川老师教会我为什么这个公式能够成立，这个定律是怎么应用在日常生活、社会、世界中的。多亏了老师的教授，那些仅机械地将数字代入公式的物理问题变得十分有趣，我也想要更进一步了解。不喜欢物理的情绪也不见了，解答物理题会让我很有成就感。"

看过这个同学的感想后，我十分感动。恰巧当时Syracuse编辑工作室的畑中隆老师拜托我写一本有关各领域中所应用的物理知识点的书，本书就这样诞生了。畑中老师从每章开始到每节的读后感都会仔细阅读，给我提出了宝贵的意见。写作期间我受到了他无微不至的关照。

当然，这本书不单是我一个人的力量，也多亏了补习班的学生们，他们给我提供了各种日常生活中的小发现、小疑问，如"如果改变自行车车把的握法的话，为什么上坡就不会那么累""自然卷的头发为什么会弯曲呢""在相扑运动中，为什么施加在对手身上的力会根据拉动兜裆布的位置而发生改变""支撑放在桌子上的物体的是桌子、支撑桌子的是地板、支撑地板的是地面……一直说下去，最后可以说到哪里呢"等。这些疑问都丰富了本书的创作。

最后，我还要向支持我的妻子表示衷心的感谢。

横川淳